"纵浪大化中，不喜亦不惧。
应尽便须尽，无复独多虑。"
——陶渊明

佛语禅心

随遇而安，自在洒脱

有一颗随缘心，你会更快乐

罗 金／编著

台海出版社

图书在版编目(CIP)数据

随遇而安,自在洒脱 / 罗金编著.--北京:台海
出版社,2015.11

ISBN 978-7-5168-0764-4

Ⅰ.①随… Ⅱ.①罗… Ⅲ.①人生哲学–通俗读物
Ⅳ.①B821-49

中国版本图书馆 CIP 数据核字(2015)第 253530号

随遇而安,自在洒脱

编　　著:罗　金

责任编辑:王　萍

装帧设计:虞　佳　　　　　版式设计:通联图文

责任校对:徐冬峰　　　　　责任印制:蔡　旭

出版发行:台海出版社

地　址:北京市朝阳区劲松南路 1 号，　邮政编码：100021

电　话:010-64041652(发行,邮购)

传　真:010-84045799(总编室)

网　址:www.taimeng.org.cn/thcbs/default.htm

E-mail:thcbs@126.com

经　销:全国各地新华书店

印　刷:北京高岭印刷有限公司

本书如有破损、缺页、装订错误,请与本社联系调换

开　本:710mm×1000 mm　　　1/16

字　数:270 千字　　　　　印　张:16.5

版　次:2016 年 1 月第 1 版　　印　次:2016 年 1 月第 1 次印刷

书　号:ISBN　978-7-5168-0764-4

定　价:38.00 元

前言

何为随？

随不是跟随，是顺其自然，不怨恨，不躁进，不过度，不强求；随不是随便，是把握机缘，不悲观，不刻板，不慌乱，不忘形；随是一种达观，是一种洒脱，是一份人生的成熟，一份人情的练达。

何为缘？

世间万事万物皆有相遇、相随、相乐的可能性。有可能即有缘，无可能即无缘。缘，无处不有，无时不在。你、我、他都在缘的网络之中。常言说，"有缘千里来相会，无缘对面不相识"。万里之外，异国他乡，陌生人对你哪怕是相视一笑，这便是缘；也有的虽心仪已久，却相会无期。缘，有聚有散，有始有终。有人悲叹："天下没有不散的筵席。既然要散，又何必聚？"缘是一种存在，是一个过程。

何为随缘？

"随缘"，常常被一些人理解为不需要有所作为，听天由命，由此也成为逃避问题和困难的理由。

殊不知，随缘不是放弃追求，而是让人以豁达的心态去面对生活；随缘是一种智慧，可以让人在狂热的环境中，依然拥有恬静的心态，冷静的头脑；随缘是一种修养，是饱经人世的沧桑，是阅尽人情的经验，是透支人生的顿悟。随缘不是没有原则、没有立场，更不是随便马虎。"缘"需要很多条件才能成立，若能随顺因缘而不违背真理，这才叫"随缘"。

人们获得缘不是靠奋斗和创造，而是用本能的智慧去领悟和判断。

生活中，常常有人会有这样的感慨和迷惑："为什么有的人不喜欢我？""为什么有的人不理解我？""为什么会是这样？"若从随缘的角度看，喜欢不需要任何理由,不喜欢也不需要任何理由;理解不需要任何理由,不理解也不需要任何理由。缘分就是缘分,不需要任何理由。

随缘不变,则是不违背真理。庄子妻死,他知道生死如春夏秋冬四季的变化运行,既不能改变,也不可抗拒,所以他能"顺天安命,鼓盆而歌";陆贾《新语》云:"不违天时,不夺物性。"明白了人生都是因缘和合,缘聚则成,缘灭则散,才能在迁流变化的无常中,安身立命,随遇而安。生活中,如果能在原则下恪守不变,在细节处随缘行道,自然能随心自在而不失正道。

大千世界芸芸众生,可谓是有事必有缘,如喜缘,福缘,人缘,财缘,机缘,善缘……万事随缘,随顺自然,这不仅是禅者的态度,更是我们快乐人生所需要的一种精神。

随缘是一种平和的生存态度,也是一种生存的禅境。"宠辱不惊,闲看庭前花开花落;去留无意,漫随天外云卷云舒"。放得下宠辱,那便是安详自在。吃饭时吃饭,睡觉时睡觉。凡事不妄求于前,不追念于后,从容平淡,自然达观,随心,随情,随理,便识得有事随缘皆有禅味。

佛家多讲随缘,有"随缘不变,不变随缘"、"随缘,莫攀缘"等说法。"随缘"不是随便行事、因循苟且,而是随顺当前环境因缘,从善如流;"不变"不是墨守成规、冥顽不化,而是要择善固守。随缘不变,则是不模糊立场,不丧失原则。在世间做人,要通情达理、圆融做事,这样才能够达到事理相融。

随缘,是一种胸怀,是一种成熟,是对自我内心的一种自信和把握。

读懂随缘的人,总能在风云变幻、艰难坎坷的生活中,收放自如、游刃有余;总能在逆境中,找寻到前行的方向,保持坦然愉快的心情。静心体悟,日久功深,你便会识得自己放下诸缘后的本来面目——活泼泼的,清静无染的菩提觉性。

"有缘即住无缘去,一任清风送白云。"人生有所求,求而得之,我之所喜;求而不得,我亦无忧。若如此,人生哪里还会有什么烦恼可言?苦乐随缘,得失随缘,以"入世"的态度去耕耘,以"出世"的态度去收获,这就是随缘人生的最高境界。

目录

第一章

有缘即住无缘去，一任清风送白云 ……………… 1

1.随遇而安，是一种境界 ……………… 1

2.急功近利，反而适得其反 ……………… 3

3.心灵当似高山不动，不能如流水不安 ……………… 6

4.随缘不是无所事事，而是心灵的充足 ……………… 8

5.淡看世间风光，枯荣皆有惊喜 ……………… 10

6.无挂碍故，无有恐怖 ……………… 12

7.保持物我两忘的平常心 ……………… 14

8.不"贪"为宝 ……………… 16

第二章

人缘——未成佛时，要先结人缘 ……………… 29

1.布施得福并不难 ……………… 29

2.与人为善，才能广结人缘 ……………… 31

3.谁都有无限的财富做布施 ……………… 34

4.不要滥用朋友的缘分 ……………… 37

5.每一个因缘，都会使你结识一位陌生人 ……………… 38

6.真诚心是菩提心的体 ……………… 42

7.请不要吝惜你的赞美 ……………… 45

8.留三分余地于人，留些肚量于己 ……………… 48

第三章

机缘——迷中不执著,悟中有受用 ·················· 54

1.只要不执著,就有办法化解 ·················· 54

2.苦乐全凭自己的判断 ·················· 57

3.参透得失的本质 ·················· 60

4.成为最好的"你自己" ·················· 63

5.做事要高调,做人要低调 ·················· 66

6.不断调整自己的人生航向 ·················· 68

7.不要忧虑超过我们能力的事 ·················· 71

8.感恩一切福佑 ·················· 73

9.放弃无谓的固执 ·················· 75

第四章

善缘——心地清净方为道,退步原来是向前 ·················· 79

1.得饶人处且饶人 ·················· 79

2.佛说原来怨是亲 ·················· 82

3.人无私心便成佛 ·················· 84

4.临事须为别人想,论人先将自己想 ·················· 86

5.乐道人善,学会欣赏别人的长处 ·················· 89

6.众生都是我们的榜样 ·················· 91

7.有罪当忏悔,忏悔则安乐 ·················· 94

8.不知道怎么做时,就以善良的发心去做 ·················· 98

9.修好自己的口业 ·················· 99

第五章

喜缘——以欢喜的心想欢喜的事 ·················· 103

1.厌恶苦,并无法驱走苦 ·················· 103

2.破碎的心,最能体会到丰盛的喜悦 ·················· 106

3.不被流言蜚语影响 ·················· 109

4.点亮心灯,黑暗自然就会逃走 ·················· 111

5.将职场看做是一个快乐的天堂 ·················· 115

6.阅读是最快乐的消遣 …………………………………………… 118

7.掌握好心情的法则 ……………………………………………… 121

8.自己娱乐自己 …………………………………………………… 124

第六章 财缘——贫穷和富裕,是在心上安立的缘 …………… 130

1.不清净的财富根本不值得羡慕 ………………………………… 130

2."我欲"是贫穷的标志 …………………………………………… 133

3.名利荣誉都不是你的东西 ……………………………………… 135

4.骑在虎背上追求权势的人,必然会被老虎吞到肚子里 …… 139

5.无常的钱财是一种拖累 ………………………………………… 142

6.树立正确的财富观 ……………………………………………… 144

7.财富不属于拥有者,而属于享有者 …………………………… 147

8.善于合作的人,才能收获最大的财缘 ………………………… 150

第七章 福缘——最大的福气是清福 …………………………… 153

1.心底清静,不受外界环境干扰 ………………………………… 153

2.身边的幸福最容易被忽略 ……………………………………… 155

3.在智者的眼里,痛苦是福 ……………………………………… 157

4.忍耐是人生的增上缘 …………………………………………… 160

5.上界的福报——清福 …………………………………………… 163

6.厚植善因,必能福慧圆满 ……………………………………… 166

7.大胸襟者,方有大福慧 ………………………………………… 169

8.适当的独处,是莫大的清福 …………………………………… 172

第八章 情缘——看破情关,聚散总是缘 ……………………… 179

1.成功的婚姻需要两个人的付出 ………………………………… 179

2.鼓励和赞美最重要 ……………………………………………… 182

3.结婚之后,要闭一只眼 ………………………………………… 184

4.不要试图去改变你的爱人 …………………… 186

5.相爱不是用来生气的 …………………… 189

6.珍惜眼前人 …………………… 192

7.既然失恋,就必须死心 …………………… 194

8.随缘而不攀缘 …………………… 196

9.破除内心的成见 …………………… 199

第九章

自转因缘,离苦得乐 …………………… 204

1.放下抱怨,才能远离烦恼 …………………… 204

2.世上本无完美,又怎么能追求得到 …………………… 207

3."心美"就是禅 …………………… 210

4.把美的形象与美的德行结合起来 …………………… 213

5.缺憾往往也能成就"完满"的人生 …………………… 215

6.拥有豁达的心境 …………………… 218

7.随遇而安,随喜而作 …………………… 220

8.懂得加减法,人生永不绝望 …………………… 223

9.自己度自己 …………………… 226

第十章

因缘际会,顿悟生命 …………………… 228

1.呼吸在,所以你一切都在 …………………… 228

2.生固欣然,死亦无憾 …………………… 231

3.在修行中生活,在生活中修行 …………………… 234

4.大好光阴,切莫空过 …………………… 236

5.爱自己,和另一个自我做朋友 …………………… 239

6.莫将身病为心病 …………………… 242

7.一念放下,万般自在 …………………… 244

8.学习如何原谅自己 …………………… 247

9.生命短促,莫为小事烦心 …………………… 250

第一章

有缘即住无缘去，一任清风送白云

1.随遇而安，是一种境界

> 荣辱纷纷满眼前，不如安分且随缘，身贫少虑为清福，名重山丘长业冤，淡饭尽堪充一饱，锦衣哪得几千年？世间最大唯生死，白玉黄金尽枉然。
>
> ——传喜法师

人生中种种差别其实都是正常的，而面对同样的境遇，有的人愤愤不平，有的人却能随遇而安，皆源于境由心生。人间的冷暖，世态的炎凉，都是由我们的心态造成的。

弘一法师出生在富贵之家，在青年时代有过歌舞升平的奢华日子。出家之后，日子过得极其清苦。

有一天，夏丏尊和弘一法师在一起吃饭时，有一道菜太咸了。弘一法师没有表现出任何异样，而夏先生却忍不住地说："难道你不嫌这菜太咸吗？"弘一法师回答说："咸有咸的味道！"

吃完饭后，弘一法师手里端着一杯开水，夏先生问："没有茶叶吗？怎么每天都喝这无味的白水？"

弘一法师又笑了笑说："白水虽淡，但淡也有淡的味道！"

《菜根谭》里有一句话："我贵而人奉之，奉此峨冠大带也；我贱而人侮之，侮此布衣草履也。然则原非奉我，我胡为喜；原非侮我，我何为怒？"

可见，一个人贫也好，富也好，高也罢，低也罢，都不会是一成不变的，重要的是要有一颗随遇而安的心。

东汉末年，社会动荡，步骘因避难逃到江东。那时他父母双亡，穷困潦倒，后来遇到和他同年的卫旌，两人结成朋友，并一起以种瓜为生。他俩白天在瓜田里忙碌，夜间则研读经传典籍，他们把眼下的情形当作暂时的境遇而已。

会稽郡有个姓焦的豪门大族，为人放纵，欺压乡里，由于他曾经做过征羌县县令，所以人称焦征羌。步骘与好友卫旌避乱于此，怕受其害，不得不到他那里去拜访一下。

当时焦征羌正在屋里睡觉，等了好长时间，也不见他出来，卫旌有些生气，就打算离去。步骘劝他说："我们来的目的就是因为害怕他势力强大，现在如果舍弃而去，恐怕只会结下冤仇，岂不与我们的目的背道而驰。"

又过了好长时间，焦征羌才打开窗户接见他们，身子斜靠着茶几，在地上摆了两个坐席，让他们两个坐在窗外。卫旌觉得更加耻辱，而步骘却神态自若毫不在乎。焦征羌吃饭时，在桌上摆满了山珍海味，而给他们两个吃的却只是一小盘饭和蔬菜而已，卫旌吃不下去，步骘却大口大口地吃饭，直到吃饱了才辞别出来。

出了焦府大门，卫旌对步骘生气地说："你怎么能忍受这样的怠慢？"步骘笑着说："贫贱与富贵的时候，都应该随遇而安。我们现在如此贫贱，他以贫贱对待咱们，这有什么羞耻可说呢？"

后来步骘得到孙权的赏识，做官一直做到丞相。富贵之后的步骘依然保持一颗平常心，丝毫没有改变自己俭朴的生活方式，教诲子弟手不释卷，他的穿衣打扮就和一个普通的儒生一样，做人处世从未有盛气凌人的姿态。

随遇而安并不是消极地等待，也并非是听从命运的摆布，更正确地说，随遇而安是寻求生命的平衡。谁能达到这种境界，谁的生活就能美好，谁的生命就有质量，就能活得自在。

俗语说："不如意事常八九。"我们的一生很少有几次真正感到自己的生活一帆风顺、海阔天空，就应该承认人生际遇不是个人力量所能左右的！而在诡谲多变、世事无常的环境中，唯一能使我们不觉其拂逆的办法，就是使自己"随遇而安"——改变能改变的，接受不能改变的。

2.急功近利，反而适得其反

意粗，性躁，一事无成；心平，气和，千祥骈集。

——弘一法师

渴望成功的心态谁都能理解，但是你要明白，成就一番事业并不容易，不要一开始就盯着成功不放，做事若急于求成，就会像饥饿的人一看到食物，便狼吞虎咽地吞食，反而会引起消化不良。

虚尘禅师以佛法度众，为人谦厚，深得民众拥戴，他每每开坛讲法，都有许多听者。

有一天，一位小商人向虚尘禅师发火："我听了你的弘法后，诚信经营，薄利多销，顾客虽然在逐渐增多，但为什么我的收入还是不能增加呢？"

禅师不急不躁，他微笑地对这位商人说："有一棵苹果树，它接受了阳光、雨露、养料，春天花开，夏天结果，秋天成熟。成熟的时候，并非所有的苹果都会同时成熟。有些苹果早已熟透了，而有些苹果依旧青青待熟，并非它不会成熟，只是时间还没有到而已。"

商人醒悟过来，他明白要想有大成就要慢慢积累。向禅师道歉后，他离开了寺院。

一年后，虚尘禅师收到这位商人的一个大红包。他在信中说自己的生意红红火火，以致没有时间亲自到寺院致谢，只好托人送礼以表谢意。

太想赢的人，最后往往很难赢；太想成功的人，往往很难成功；太想达到目标的人，往往不容易达到目标。过于注意就是盲，欲速则不达，凡事切不可急于求成。

相反，以淡定的心态对之，处之，行之，以坚持恒久的姿态努力攀登，努力进取，成功的机率就会大大增加。

在山中的庙里，有一个小和尚被派去买菜油。出发之前，庙里的厨师交给他一个大碗，并严厉地警告他："你一定要小心，最近我们都揭不开锅了，你绝对不可以把油洒出来。"

小和尚下山买完油，在回寺庙的路上，他想到了厨师凶恶的表情及郑重的告诫，越想越紧张，于是他更加小心翼翼地端着装满油的大碗，一步一步地走在山路上，丝毫不敢左顾右盼。然而天不遂人愿，因为他没有向前看路，结果快到庙门口的时候，踩到了一个洞。虽然没有摔跤，碗里的油却洒掉了三分之一。小和尚懊恼至极，紧张得手都开始发抖，以至于无法把碗端稳。等到回到庙里时，碗中的油就只剩下了一半。

厨师非常生气，指着小和尚骂道："你这个笨蛋！我不是说过要小心吗？为什么还是浪费了这么多油？真是气死我了！"小和尚听了很难过，开始掉眼泪。这时，一位老和尚走过来对他说："我再派你去买一次油。这次我要你在回来的途中，多看看沿途的风景，回来后把你看到的美景描述给我听。"小和尚很是不安，因为自己非常小心碗都还端不好，要是边看风景边走的话，就更不可能完成任务了。不过在老和尚的坚持下，他勉强上路了。

在这次回来的途中，小和尚听从了老和尚的意见，观察起沿途的风景，这时，他惊奇地发现山路上的风景如此美丽：远处是雄伟的山峰，山腰间有农夫在梯田上耕种，一群小孩子在路边快乐地玩耍，鸟儿轻唱，轻风拂面……

在美景的陪伴中，小和尚不知不觉地回到了庙里。当小和尚把油交给厨师时，他发现碗里的油还装得满满的，一点都没有洒出来。

《拔苗助长》的故事中，农夫急功近利，反而适得其反，使他的苗全部死了，落得一个拔苗助长的笑话。许多事业都必须有一个痛苦挣扎、努力奋斗的过程，正是这个过程将你锻炼得无比坚强并成熟。朱熹说："宁详毋略，宁近毋远，宁下毋高，宁拙毋巧。"对"欲速则不达"作了最好的诠释。

3.心灵当似高山不动，不能如流水不安

生命中的河流虽曾被污染，但涤尽流沙便可以见到清澈的本性。良好性格的明镜虽然蒙上尘土，但拭去灰尘终将闪光。

——德山禅师

大千世界，灰尘微不足道，它既不会遮挡视线，也不会遮盖心灵，但当无数灰尘慢慢累积时，物体本相将会被掩盖直至变质，镜子不再明亮，金子不再闪光，人的呼吸不再顺畅。

现实如此，精神世界同样如此。就人类的心灵而言，它不是我们的头脑，也不是我们的心脏，总之它不是我们的肉体，但它就在我们的头脑里，在我们的心脏里，在我们的每一寸肌肤里。精神世界的灰尘就好比每个人内心里的自私、贪欲等。与现实的灰尘相比，精神世界的灰尘无影无形，更具隐蔽性，更容易在精神世界里堆积，让生命失常，让心灵失色。

因此，必须学会扫除心灵上的灰尘。心灵的房间，需要经常打扫，才能永葆青春、活力长存。我们每天都要经历很多事情，开心的，不开心的，都在心里安家落户。有些痛苦的情绪和不愉快的记忆，如果充斥在心里，就会使人萎靡不振。所以，扫地除尘，能够使黯淡的心变得明亮；把一些无谓的争端扔掉，生存就有了更多更大的空间。

一个皇帝想要整修京城里的一座寺庙，他派人去找技艺高超的设计师，希望能够将寺庙整修得美丽而又庄严。

后来有两组人员被找来了，其中一组是京城里很有名的工匠与画师，另外一组是几个和尚。

由于皇帝不知道到底哪一组人员的技艺更好，于是就决定给他们机

会做一个比较。

皇帝要求这两组人员各自去整修一个寺庙,而且这两个寺庙面对面靠在一起。三天之后,皇帝要来验收成果。

工匠们向皇帝要了一百多种颜色的颜料(漆),又要了很多工具;而让皇帝很奇怪的是,和尚们居然只要了一些抹布与水桶等简单的清洁用具。

三天后,皇帝来验收了。

他首先看了工匠们所装饰的寺庙,工匠们敲锣打鼓地庆祝工程的完成,他们用了非常多的颜料,以非常精巧的手艺把寺庙装饰得五颜六色。

皇帝满意地点点头,接着回过头来看看和尚们负责整修的寺庙。他看了一眼就愣住了,和尚们所整修的寺庙没有涂任何颜料,他们只是把所有的墙壁、桌椅、窗户等都擦拭得非常干净,寺庙中所有的物品都显出了它们原来的颜色,而它们光亮的表面就像镜子一般,无瑕地反射出外面的色彩:那天边多变的云彩、随风摇曳的树影,甚至是对面五颜六色的寺庙,都变成了这个寺庙美丽色彩的一部分,而这座寺庙只是宁静地接受着这一切。

皇帝被这庄严的寺庙深深地感动了,当然我们也知道最后的胜负了。

我们的心就像是一座寺庙,我们不需要用各种精巧的装饰来美化我们的心灵,我们需要的只是让内在原有的美,无瑕地显现出来。

如果你珍爱生命,请你修养自己的心灵。人总有一天会走到生命的终点,金钱散尽,一切都如过眼云烟,只有精神长存世间,所以人生的追求应该是一种境界。

在纷纷扰扰的世界上,心灵当似高山不动,不能如流水不安。居住在闹市,在嘈杂的环境之中,不必关闭门窗,只任它潮起潮落,风来浪涌,我自悠然如局外之人,没有什么能破坏心中的凝重。身在红尘中,而心早已出世,在白云之上,又何必"入山唯恐不深"呢?关键是你的心。

心灵是智慧之根，要用知识去浇灌。胸中贮书万卷，不必人前卖弄。"人不知而不愠，不亦君子乎？"让知识真正成为心灵的一部分，成为内在的涵养，成为包藏宇宙、吞吐天地的大气魄。只有这样，才能运筹帷幄之中，决胜千里之外，才能指挥若定、挥洒自如。

修养心灵，不是一件容易的事，要用一生去琢磨。心灵的宁静，是一种超然的境界！高朋满座，不会昏眩；曲终人散，不会孤独；成功，不会欣喜若狂；失败，不会心灰意冷。坦然迎接生活的鲜花美酒，洒脱面对生活的刀风剑雨，还心灵以本色。

4.随缘不是无所事事，而是心灵的充足

凡事心存法喜，而不贪恋物欲。生活失去了安详，生命就失去了源头活水。

——延参法师

佛经上记载一则故事说：有一天，"心"向主人提出抗议，表示你每天清晨起床，我这颗心就得为你睁开眼睛，观看浮生百态；你想穿衣，我就得为你穿衣避寒；你想漱洗沐浴，我就得为你净身……无论任何事我都毫无怨言地帮助你，而你却要四处寻找繁华的生活，累得苦不堪言。其实你要追寻的生活并不在其他的地方，而是在自己的心中！

宋代雪窦禅师，当时和一位叫曾会的著名学士交情很深厚。

曾会知道雪窦禅师四海为家，没有固定的住处，生活非常艰苦，于是就推荐他到灵隐寺去，并写了一封给灵隐寺方丈珊禅禅师的介绍信，

说："禅师你拿着介绍信去灵隐寺，方丈跟我是方外之交，一定会好好接待你的。"

于是，雪窦禅师就揣着曾会的介绍信前往灵隐寺去了。过了很长一段时间，曾会来灵隐寺找雪窦禅师，却被告知没有这个人。珊禅禅师就和曾会四处寻找，终于在寺里一间破屋子里找到了正在打坐的雪窦禅师。

曾会高兴地喊道："雪窦禅师！"

雪窦见是曾会学士，也感到十分惊喜，站起来与他行礼。

各自寒暄一阵后，曾会问道："禅师，我亲笔写的介绍信你给弄丢了吗？为什么不给珊禅禅师看呢？害得你住这样的房子！"

雪窦禅师从衣袖里取出原封未动的介绍信还给曾会，说道："我只是一个云游的和尚，没有什么渴求，为什么要请人介绍呢？"

原来雪窦禅师到了灵隐寺内，便挂单住进了云水堂，并未把曾会的函件交给当时的方丈珊禅禅师。雪窦禅师同普通僧人一样，过着清苦的生活，每天上殿、过堂、参禅、早起早睡，日复一日。

珊禅禅师听后为之动容，并感叹雪窦禅师将来一定会有不一般的造化。

现在人的生活越来越嘈杂纷乱，甚至有的时候会感觉到苦不堪言。当我们拥有了金钱地位，却发现应酬日益增多，每日忙碌不堪，甚至连睡眠时间都很少，我们真应该问问自己，这样的生活真的有必要吗？

有人觉得"随缘"是不是就如同苦行僧般的生活，不要丰厚的工资，吃粗茶淡饭，并且清心寡欲。这是对随缘生活的误解——"随缘"，常常被一些人理解为不需要有所作为，听天由命，由此也成为逃避问题和困难的理由。殊不知，随缘不是放弃追求，而是让人以豁达的心态去面对生活；随缘是一种智慧，可以让人在狂热的环境中，依然拥有恬静的心态、冷静的头脑；随缘是一种修养，是饱经人世的沧桑，是阅尽人情的经验，是透支人生的顿悟。

随缘不是没有原则、没有立场，更不是随便马虎。"缘"需要很多条件才能成立，若能随顺因缘而不违背真理，这才叫"随缘"。只有摆脱了外界的奴役，自己主宰自己，才可能永葆心灵的恬静和快乐。逍遥旷达不是要求做到无欲，而是淡看各种名利之欲。淡看之后，则可生旷达，有了旷达之后，人生自然逍遥了。

生活里完全可以做到"随缘"二字，每天午后泡一杯茗茶，享受充足的阳光，什么都不去想，这就是一种随缘；真诚待人，把人事关系理顺清楚，对每个人都保持尊重，不掺和乱七八糟的是非，这就是一种随缘；努力工作，但并不羡慕别人赚到了更多的钱，不为金钱所累，生活自足，这同样也是一种随缘。

随缘，并不是物质上的匮乏，它是精神上的自在；随缘，也不是无所事事，但一定是心灵的充足。

5.淡看世间风光，枯荣皆有惊喜

心无忧虑，就是逍遥佛祖；身无病痛，就是快乐神仙。麻烦不找你时，决不要自找麻烦。我们只问怎样可以快乐，不问什么是快乐。快乐是一种能力，而不是一个目标。

——慧律禅师

老子说："祸兮福之所倚，福兮祸之所伏。"好事和坏事是可以互相转化的，在一定的条件下，福能变成祸，祸能变成福。世间万物我们不必强求，都有其自身规律。这就告诉我们，得意时不要忘形，失意时不要消沉。

以前印度有一位皇帝，他带了大臣上山去狩猎，走了一段时间，肚子饿了，口也渴了，随身的大臣看到山上有一棵树，长了很多的果实，又红又大，就把这些果子摘了下来，准备给皇帝解渴充饥。皇帝用刀削果子，可没注意，把自己的手削掉一块，流了很多的血，痛得要命，并把这位大臣痛骂了一顿。

这位大臣听到皇帝责骂他，马上就说："大王啊！你破皮流血不一定是坏事情。"皇帝听了，大发雷霆，说道："痛得要命而且又流血，怎么不是坏事情？你这个蠢材真是和我作对。"皇帝脾气一来，就把这位大臣赶回去了。

正在这个时候，山上来了一群野人，准备要找一个人去祭拜天神。这群野人就把皇帝抓起来献给酋长去祭拜天神，酋长命令他的部下，把皇帝的衣服脱掉，正准备要开肠破肚挖心时，忽然看到这位皇帝的手正在流血，酋长觉得这很不吉祥、不庄严，因为这样祭拜天神就失去了恭敬心，于是把皇帝放走了。

这时候皇帝才觉得大臣所说的是对的，破皮流血不一定是坏事情，而且还救了自己的命，变成了好事情。皇帝非常感谢大臣，就赶快回到皇宫。皇帝觉得很对不起大臣，就问："我在山上发脾气把你骂走了，你心中恨不恨我？"这位大臣讲："启禀陛下，我不但不恨你，而且还非常地感激你。"皇帝就问："为什么呢？"他说："如果你不把我赶走，这群野人一定会把我抓去开肠破肚挖心祭拜天神的，所以我非常感谢你救了我一命。"

人们总把太多的生活琐事放在心上，升职、赚钱、失败、误会等，人们总是想这想那，担心自己担心别人。其实这些成为心理负担的东西都是你自己造成的，你一点一点地给自己加大心理压力，让自己活得累，心理生理都产生疲倦。

所以说，不管是在任何时候，心态很重要。打造一颗"平常心"，抱定"淡看世间风光，枯荣皆有惊喜"的一种生活信念的人，最终都会实现人生的突围和超越。

人生天地间，本来就是自然的，成功也好，失败也好，都是自然的，即不要欢喜过度，也不要伤心过度。自处时超脱，待人时和蔼，无事时坐得住，有事时不慌乱，得意时保持一颗平常心，世间没有永恒的事物。一枯一荣都有自然规律，一惊一喜事在必然。

既不要因遇到好事而得意，也不要因遇到不好的事情而失意。这也就是我们所说的"不以物喜，不以己悲"。它是一种思想境界，是古贤人修身的要求，即无论外界或自我有何种起伏喜悲，都要保持一种豁达随缘的心态。

6.无挂碍故，无有恐怖

一切法不生则般若生，一切法不现则般若现。

——《大般若经》

有的人因为对"有"的认识不足，总是在有所得的心态下生活，对于人生的一切似乎都能令我们生起执著。比如在日常生活中，我们会执著于地位、执著于财富、执著于事业、执著于信仰、执著于情感、执著于家庭、执著于生存的环境、执著于拥有的知识、执著于人际关系、执著于自身的见解、执著于技能所长等。由于执著的关系，我们对人生的一切都产生了强烈的占有、恋恋不舍的心态，执著给我们的人生带来了种种烦恼。

《心经》从照见五蕴皆空，到无苦集灭道，都是针对我们对"有"的错误认识及执著，揭示存在现象是无自性空，是假有的存在，其目的就是要我们放弃错误的认识，同时也放弃对它的执著。像《金刚经》所说的："不住色生心，不住声香味触法生心"的去生活。

"无智亦无得，以无所得故"：是说认识到所缘境空之后，放弃了对境界的执著，那这颗能认识的心是否实在呢？不然，心也是缘起的。比如说眼睛认识活动的产生，它要依赖九个条件：即眼睛、色尘、光线、空间、种子、俱有依、分别依、染净依、根本依。其他一切精神活动都一样，也都是缘起性的。当我们认识到所缘境空，不对"有"生起实在的执著，是无得；此时妄心自然息灭不起，是无智。

《大般若经》说："一切法不生则般若生，一切法不现则般若现。"在妄心、妄境、妄执，息灭的情况下，此时显现的清净心、平常心便是般若的功用。

"菩提萨埵，依般若波罗密多故，心无挂碍"：菩提萨埵是菩萨的全称。梵语菩萨意为"觉有情"，具有觉悟有情，或令他有情觉悟的意思。又"觉有情"是相对有情来说的。有情，以情爱为中心，对世间的一切都想占有它，主宰它，想使与自我有关的一切，从属于我，实现自我的自由，然而不知我所关涉的越多，自我所受的牵制越甚。觉者则不然，以般若观照人生，无我，无我所，超越了世间的名利，因而心无牵挂。

禅者隐居山林之中，面对青山绿水，一瓶一钵，了无牵挂，对他们来说，生死都已不成问题了，还有什么可以值得他们操心的呢？

佛陀时代，有一位跋提王子，在山林里参佛打坐，不知不觉中他喊出了："快乐啊！快乐啊！"佛陀听到了就问他："什么事让你这么快乐呢？"跋提王子说："想我当时在王宫中时，日夜为行政事务操劳，处理复杂的人际关系，时常又得担心自身的性命安全，虽住在高墙深院的王宫里，穿的是绫罗锦缎，吃的是山珍海味，多少卫兵日夜保护着我，但我总是感到恐惧不安，吃不香睡不好，现在出家参佛了，心里没有任何的负担，每天都在法喜中度过，无论走到哪里都觉得自在。"

"无挂碍故，无有恐怖"：有情因为有执著、有牵挂，对拥有的一切都足以产生恐怖，比如一个人拥有了财富，他会害怕财富的失去；拥有地位，害怕别人窥视他的权位；拥有健康，害怕死亡的到来；穿上一件漂亮的衣服，害怕弄脏了；谈恋爱，害怕失恋；拥有娇妻，害怕被别人拐去或跟谁跑了；黑夜走路，害怕别人暗算；在大众场合说话，害怕说错了丢面子……总之，对拥有的执著牵挂，使得我们终日生活在恐怖之中。

觉者看破了世间的是非、得失、荣辱，无牵无挂，自然不会有任何恐怖。就像死亡这样大的事，在世人看来是最为可怕的，而禅者却也一样自在洒脱。

7.保持物我两忘的平常心

云在青天，水在瓶。

——惟俨禅师

佛教追求的是"物我两忘"，认为人人具有佛性，但成不了佛的主要原因就是执著于"我"，即以自我为中心，自我的观念太重。比如说：这是我的身体，这是我的妻儿，这是我的财产……我们虽然不至于忘了"我"，但至少该淡化"我"，不要事事以"我"为中心，也不要执著于"物"，这个"物"就是个人的功名利禄。

有一次，佛陀在法会上给他的弟子们讲了个故事：

从前，有个非常富有的商人，他娶了四个老婆：第一个老婆美丽可爱，具有迷人的身姿，整天如影随形，陪伴在他的身边；第二个老婆是他从外地抢来的，她同样分外靓丽，让人心动，并且呼风唤雨无所不能；第三个老婆纯粹是一个贤妻良母，她整日忙忙碌碌，把商人的生活打理得井井有条，让他衣食无忧；第四个老婆是她们中最忙的，但是商人却不知道她整天在忙些什么，他对她既不关心，也不过问，渐渐地也就忘记了她的存在。

有一天，商人打算出远门做一笔生意，旅途漫长而又十分辛苦，因此他要选择其中一个老婆陪伴自己。

于是，他就把四个老婆一起叫到面前，问她们谁愿意去。第一个老婆说："我才不愿陪你呢，你自己去好了！"第二个老婆说："我本来就不属于你，是你硬把我抢来的，我更不会陪你去！"第三个老婆说："旅途那么漫长，一路风尘，我可没把握陪你到底，所以我顶多送你一程！"第四个老婆说："无论你走到哪里，我都会跟着你、忠诚于你，听凭你的呼唤，因为你是我的主人！"商人无限感慨："唉！关键时刻还是第四个老婆对我好。"于是他就带着第四个老婆开始了他的漫长旅途。

讲完故事，佛陀问座下弟子："你们听懂了吗？这四个老婆就是人生的四个方面：第一个老婆是指人的肉体，人死后肉体要与自己分开；第二个老婆是指财产，许多人为了金钱财产辛苦劳作了一辈子，死后却不能将它们带走，只能带着遗憾离开人世；第三个老婆是指自己现实中的妻子、亲人和朋友，虽然生前亲人朋友情深义重，但是死后还是要分开的，也无法求得永世相伴；第四个老婆是指人的自性，也就是你自己的心灵和天性。你可以不在乎它，但是它会永远在乎你，永远忠诚于你，无论你是贫穷还是富贵，快乐还是痛苦，它与你永不分离。"

身体是本钱，固然重要；财产是基础，亦不可缺；亲人和朋友是伴侣，少了会寂寞；但最重要的还是自己，还是自己的心灵和天性，把它塑造和培养好，我们才会一生受用不尽。

惟俨禅师说："云在青天，水在瓶。"这句话有两层意思：一是说，云在天空，水在瓶中，正如眼横鼻直一样，都是事物的本来面貌，没有什么特别的地方。你只要领会事物的本质，悟见自己的本来面目，也就明白什么是道了。二是说，瓶中之水，犹如人的心，只要保持清净不染，心就像水一样清澈，不论装在什么瓶中，都能随方就圆，有很强的适应能力，能刚能柔，能大能小，就像青天的白云一样，自由自在。

人存在这个世界上，拥有一颗心很容易，但要有一颗平常心却是不易的。如同花儿一样，需要园丁精心栽培，不然就会营养不良干枯而死。平常心或是花园里一朵开得娇艳欲滴的硕大的花朵，让人欣赏，又或者是一朵没有鲜艳的色彩，没有茉莉般的清香的路边的野花。无论以怎样的姿态存在，都是我们生活中不可缺少的，是我们在残酷的生活中所看到的希望。

8.不"贪"为宝

心中无事就是天堂的花香；赞叹妙语就是天堂的音乐；尊重包容就是天堂的光明；少瞋少贪就是天堂的现前。

——星云大师

人生如同一条河流，有其源头，有其流程，当然也有其终点，而不管流程有多长，有多短，终究都会到达终点，流入海洋。那么在我们活着的时候，有什么欲望是一定非要满足不可的呢？为什么要让欲望恣意滋生呢？

一天傍晚，两个非常要好的朋友在林中散步。这时，有位僧人从林中惊慌失措地跑了出来，两人见状，便拉住那个僧人问道："你为什么如此惊慌，到底发生了什么事情？"

僧人忐忑不安地说："我正在移植一棵小树，忽然发现了一坛黄金。"

两个人感到好笑："这僧人真蠢，挖出了黄金还被吓得魂不附体，真是太好笑了。"然后，他们问道："你是在哪里发现的，告诉我们吧，我们不害怕。"

僧人说："还是不要去了，这东西会吃人的。"

两个人异口同声地说："我们不怕，你就告诉我们黄金在哪里吧！"

僧人告诉了他们埋藏黄金的地点。两个人跑进树林，果然在那个地方找到了黄金，而且是好大一坛子黄金！

其中一个人说："我们要是现在把黄金运回去，不太安全，还是等天黑再往回运吧。这样吧，现在我留在这里看着，你先回去拿点饭菜来，我们在这里吃完饭，等到半夜再把黄金运回去。"

于是，另一个人就回家拿饭菜去了。

留下的这个人心想："要是这些黄金都归我，那该多好呀！等他回来，我就一棒子把他打死，那么，这些黄金不就都归我了？"

回去的那个人也在想："我回去先吃饭，然后在他的饭里下些毒药。他一死，这些黄金不就都归我了吗？"

回去的人提着饭菜刚到树林里，就被另一个人从背后用木棒狠狠地打了一下，当场毙命了。然后，那个人拿起饭菜，狼吞虎咽地吃了起来。没过多久，他的肚子里就像火烧一样疼，他这才明白自己中毒了。临死前，他心里暗想：僧人的话真的应验了，我当初怎么就不明白呢？

佛家所谓的贪念，是指很希望得到，得到了就不想失去。而贪念的对象无足轻重，贪图钱财和贪图精神的享受，一样是贪；贪图男欢女爱和贪图参禅打坐，一样是贪；贪图名利和贪图清誉，一样是贪。

比如，没有人不喜欢听赞美的语言，没有人不愿意看到微笑的表情，没有人喜欢失去最好的朋友，没有人愿意被别人抛弃，没有人渴望失去亲人的爱……

　　因为面对这些喜欢或者不喜欢，我们的头脑开始了一秒钟都不停的工作，它把所有收集到的信息，瞬间筛选、整理、淘汰、判断、综合，每一次得出的结论，都扰乱了我们的心，让我们不断产生高兴、悲伤、幸福、痛苦、喜悦、兴奋、孤独、开心等各种情绪，我们每天就游荡在这许多种情绪当中，把这一切当成是真实不虚的事，认认真真地和别人对话、讨论、争辩、计较、探讨、沟通。遇到结果如意的，我们就很开心；假如遇到不尽如人意的，我们就完全失了分寸，整个心空荡荡的，没着没落，看什么都不顺眼，做什么都不踏实；假如心里更委屈的时候，我们会哭泣，大喊大叫，四处抱怨哭诉，让别人评理，有些人甚至走上了抑郁和轻生的道路。

　　这些都是贪念导致的结果。

　　贪一切我们身边的舒适，贪一切我们习以为常的生活模式，贪一切我们喜爱的东西，贪一切我们不舍放弃的情感。

　　假若不贪，会是什么情况呢？

　　我们照吃、照睡、照玩、照沟通、照争吵、照爱别人、照被别人爱……但是，丝毫不挂碍，永远活在那个拥有的片刻而不去判断。仅仅是享受那个片刻，犹如云飘过天空，喜欢那云，但心放在空中。云来，云住，云走，云去，随它！

　　幻想一个又一个场景时，最简单的方法就是内心中提起一个声音，问自己：你在干嘛？这个问题让你立即回到当下。"我在洗碗"、"我在擦地"、"我在洗衣服"、"我在写博文"……在全力地做这些事情的时候，是不贪的。对当下的生命说"是"，就是对头脑升起的贪念的最好对治。

管理内心的法则

明白做人，踏实做事

一个人如果自己做人不明不白，那么必定稀里糊涂受罪。只有明明白白做人，才能吃得下、睡得好，才会夜半不怕鬼敲门。所以，"明明白白做人，踏踏实实做事"应该作为我们人生的座右铭。

不义的钱财再多，也不要眼红，否则会成为自己亡身的祸根。无道的权势再大，也不要觊觎，否则会是身败名裂的结局。不当的名誉再好，也不要贪图，否则会有自取其辱的结果。

自己一心做事，莫问将来结果，这样自己才不会分散精力。只有下苦工夫去努力，才能取得更大的成绩。假如一个人学会了为人之道、处事之方，那么成功的可能性就会大大增加。

清白让人心安，踏实让人快乐。自己没有好的名望，又不刻苦努力，却一心企求成功的果实，这只是痴人的一场春梦。

自以为一贯正确，容易犯错误

一个人倘若只听到自己一贯正确的声音，那是绝对愚蠢的。自我感觉良好的人，喜欢听到自己一贯正确的声音；位居高位的人，也喜欢听到自己一贯正确的声音；狂妄自大的人，更喜欢听到自己一贯正确的声音。

可悲的是，那种认为自己一贯正确的声音，仅是一种可怜的幻觉，是一些别有用心的小人刻意吹捧和恭维的结果，而绝非是真正的正确。要是陷入自己一贯正确的思维陷阱，人生的悲剧便会来到。假如容不得别人半点的反对意见，听不进别人半点的批评，自以为自己是超人或者天才，总是以教训和命令的作风行事，只会让自己陷入不利的境地。

时常自省，对人生大有裨益。如果自认为是一贯正确的，那么人生的悲剧就将要来临。

做堂堂正正的人

做财富来路不明的富人还不如去做一个堂堂正正的穷人。所以，我们千万不要去羡慕那些依靠不正当手段一夜暴富的人，我们应该尊重那些依靠劳动和思想致富的人。一个人若财富来路不明，纵有千万、亿万资产，也难免活得心惊肉跳。有一天若其丑行暴露，就会被绳之以法，落得可耻的下场。

所以，取财要靠正当手段，要合法致富。同样，职权要是依靠歪门邪道取得，终究难以服众。先做好人，做好事，然后才能做好官。

真实做人，厚道是福

"真者，精诚之致也"。人贵于真实，恶于虚伪，因为诚实是人的最高品德。真实的人，言行一致，童叟无欺，能大公无私，并可在事业上委以重任；虚伪的人，言行不一，瞒上欺下，善于矫饰，每每以私为先，损公利己，绝不能委以重任，否则对事业是极大的损害。

虽然真实的人容易吃一时之亏，但日久见人心，这种人不可能长久吃亏。虽然虚伪的人容易得一时之益，但骗得了一时，骗不了一世，这种人不可能长久得益。善有善报，恶有恶报，那些虚伪奸诈的人终会自食其果。投机取巧，只能骗取别人一时的信任，一旦恶行暴露，终为众人所不齿。所以，做人还是要实在点好。

办事圆满，得失宽平

做事情之前，不能有任何私心，必须有"事情必须办得圆满，得失必须放得宽平"的良好心态。事情办得圆满，才有成功的可能，生命才能闪光；得失看得宽平，才能心无杂念，人生才会快乐。私心太重，是难以做好事情的。

一个人如果凡事粗糙应付，得过且过，那么就容易失败；凡事糊弄自己，等于无知地残杀自己；凡事斤斤计较，损人利己，等于自绝后路；凡事算计别人，等于愚昧地孤立自己。假如一个人能真正感悟到"认真办事，大度处世"的重要性，那么他的人生之路就会越走越宽广，生命之花就会越开越艳丽，生活之悟就会越思越清晰。

踏实做人做事，才能安心入睡

白天踏踏实实做人做事，夜晚就能安然入睡。因为白天的生活方式和夜晚的睡眠质量是紧密相连的。一个人白天状态好，其夜晚睡眠质量就高；一个人白天状态差，其夜晚睡眠质量就低。只有自己白天踏踏实实做事，老老实实做人，这样夜晚才能无忧无虑，坦然入睡。要是自己带着满腔心事，就会夜不能寐，也很难睡得踏实。

要想自己睡眠好，必须要让自己心安，而要让自己心安，则必须要让自己没有任何烦恼。假如自己白天不去踏实做事，老实做人，净糊弄和欺骗别人，那么到了晚上怎么能睡得踏实呢？

做人不要害怕吃亏

小时候，也许每个人都有帮老师分苹果的经历。很多人会选择把最好的分给别人，而把最小的留给自己。可是随着年龄的增长，当我们长大后，却没有坚持这个美好的传统。为什么呢？因为许多人唯恐自己吃亏，让别人占了便宜。

其实，吃亏是福。虽然吃一时之亏，但你同时也赢得了他人的尊重，为你的未来赢得了朋友和资本。如果一个人事事吃亏在前，把最好的让给别人，那么最终的赢家一定是他。因为命运是公平的。如果一个人从来不肯吃亏，什么都想得到，结果可能什么都得不到。

应该多做些该做的事情

多花点时间学习，在学习上不能知足；多挤出一点时间运动，健康是自己的资本；多点好心情去微笑，微笑比哭泣好；多些宽容之心，尽快忘记为人处世中的不快，对人常怀感恩之心；多点时间自省，多想自己的不足，以鞭策自己不断进步；多给予别人爱心，因为赠人玫瑰，手有余香；多抓住机会发展自己，上进心是不可缺少的；多鼓足勇气奋斗拼搏，时刻保持自信心；多点放松心情的时间，尽量享受美好的生活；多筹划收支，理财使人富足。

做人太势利，容易自取其辱

有一个老者穿着非常俭朴，有一天他去一个茶店喝茶。店主只是淡淡地招呼："坐，茶。"

隔了几天，那个老者穿戴讲究，又去茶店喝茶。店主十分热情，大声地说："请坐，泡茶。"

又隔了几天，老者衣着华贵，还带了随从去茶店喝茶。店主恭敬又热情，并亲自招待："请上坐，泡好茶。"

临走时，店主请老者留下墨宝。老者写道："坐，请坐，请上坐；茶，泡茶，泡好茶。"店主羞得无地自容。

要平等待人，不要以外表来看待一个人。势利小人，只会自取其辱。一个人如果能够敬重别人，那么别人自然也会敬重他。

贪小往往失大，做人要大气

贪小便宜，容易吃大亏。处处占人便宜，时时得人好处，表面上看是尝到了一点甜头，实际上却是丢失了人格，增加了危险。占小便宜容易背负恶名，让自己臭名远扬，最后身陷困境，寸步难行。贪小便宜之人最被别人瞧不起，往往会陷入孤独无助的绝境。

贪小的人不仅做不成大事，而且容易早早失败。"做人要肯吃亏"这个道理，只有在长大成熟之后才能深深感悟。让别人占一点便宜，别人会心存感激之情，对自己会产生一种亲近和善之意。若是自己占尽别人的便宜，别人会心存不快，长此以往，得不偿失。

为人处世，以诚为本

诚实是做人处世的基本原则。没有诚实作为根本，为人处世就没有基础。一个人如果费尽心机地去算计别人，到头来往往聪明反被聪明误，因为人算不如天算。

《左传》上说，"失信不立"。没有任何信誉的人，是没有人缘的。言不发自内心，纵然悦耳动听，终归只是谎言。巧言令色，只能哄骗一时；诚信做人，才能受益一世。不要自认为比他人聪明，人们的眼睛是雪亮的。欺骗只能一时，却不能长久。木讷而真诚的人不一定被他人讨厌，那些巧言而虚伪的人反而令人厌烦。

急功近利，多会自食其果

做人、做事，绝对不要急功近利。如果目的性太强，功利性太盛，人生就会吃大亏。我们看一看大千世界，那些急功近利的人，往往会失败；那些不踏踏实实做事、老老实实做人的人，没有几个能成功。为什么会这样？因为一切依靠投机取巧，戴着人生的近视眼镜，去寻找所谓的人生定位，哪里会有长久的安乐和幸福？

如果一个人的生命之舟总维系着功名的追逐，那么其身心就成了名利的奴隶。如果光知道追求名利，那么就别指望获得幸福和快乐。绝大多数人并不了解他们的幸福是可以由自己创造的，只有少数有卓越成就的人，才了解自己应该追求什么，并且一步一个脚印地去实现。

为人不可过于聪明

聪明虽然是一件好事，但那种卖弄学问式的聪明往往令人讨厌。比如，有时候一个人在公众场合说理太多，会被他人认为是一种卖弄。所以，最好是适当的沉默，或者只讲不得不讲的道理，为人最好是谨慎一些的好。

聪明反被聪明误的事例，在生活中比比皆是。为什么成大事者往往不是绝顶聪明的人？有人一针见血地指出："这个世界上真正有成就的往往不是第一流的聪明人，而是第二流聪明加第二流愚笨的那种人。太聪明，就把什么都看开了，不肯做傻事、花笨工夫，也就没希望了。"

正人先正己，律人先律己

托尔斯泰认为：要让所有人都做得好，首先必须自己做好。要求别人做到的，自己必须首先做到。言传不如身教，说教再多，也没有一个人的实际行动来得有说服力。比如，你感到现在的生活无味，要想改造现在的生活，那么首先得改造自己对生活的态度，而不是去埋怨别人和社会，要拿出微笑且充满信心的生活态度来。

自律是优秀人格的基石，也是有品格之人的基本素质。能够自律的人总是说到做到，遵守诺言。他们不但自律，而且懂得关怀他人，所以能得到他人的信赖。如果懂得尊重自己，那么首先就要自律。这样，别人才会因此更加尊重你。

其实，自律和其他人格特质一样，也是一种良好的习惯。我们要从今天开始，下定决心，培养自己的自律习惯。

意气用事，后悔莫及

多理性行事，少意气用事。做事不能凭感情，做事更不能凭感觉。意气用事必有麻烦，事情不会如我们想象的那样简单，表象总是容易迷惑人心。理性做事不致反复折腾，理性做事不会出现大的差错，理性做事不会使自己后悔。

正确认识自己，就不会意气用事。当我们准备认真地去做好一件事，努力去成为一个智慧人士的时候，首要的任务是要客观公正地评价自己。比如，多问问自己我的人生是为了什么，我的弱点和缺点在哪里。

有人云："在了解佛陀之前，人必须先要了解自己。"了解自己的目的，是为了让自己不去犯错误，或者少去犯错误。

细节决定成败

能够做成大事情的人，首先是从做小事情开始的；如果能把小事办好，大事也就自然会顺利地做下去。每一个工作都是由许多细节所组成的，如果忽略了事情的任何一部分，就会在日后造成大问题，如果你没有办法处理那些细节，那么你的生活就会有许多的烦恼。

老子说："天下大事，必做于细。"想要成就一番大事业，必须从细微处入手。只有细节做好了，事情才能完美。反之，历史上有许多失败的事例和教训，往往都是起源于一个对细节的疏忽。

克服人性的弱点

一位科学家知道死神正在寻找他，于是利用克隆技术复制了12个自己，想用以假乱真的方式保住自己的性命。死神面对13个一模一样的人，一时难以分辨，不知道哪个才是真正的目标，只好悻悻离去。

但是，没有多久，死神就想出了一个识别真假的好办法。

死神回来并对他们说："先生，你确实是个天才，能够克隆出近乎完美的复制品。但是很遗憾，我还是发现你的作品有一处微小的瑕疵。"

死神的话音未落，那个真科学家就愤怒地跳起来，大声辩解："这是不可能的！我的技术是完美的！"

"瑕疵就在这里。"死神一把抓住那个科学家，把他带走了。

不要逞能，不要多事

世界本来就是复杂多变的，如果你再逞能多事，那么人生掀起的风浪就会很大，你所受到的烦恼就会更多。人的社会生活有其自身跌宕起伏的轨迹。遇到人生风暴的时候，明智的办法是避在一个平静的港湾里，待惊涛骇浪自己消退。

不论是天道还是人道，一切都应顺其自然。明智的医生知道何时应该开药方而何时不用开，有时候不开药方更是见功力的。有时暂时的忍让是平息尘世风波的好办法。面对复杂的生活环境，如果你能够冷静下来，能够智慧地去思考，或者暂时回避，不去逞能，不去多事，那么会过得更好。

要弄脏一条河流是很容易的，但已浑浊之水，你却不能通过清理使其清澈，只能任其自清。

别到处吹嘘自己

做人不能光用自己的语言，还必须用自己的行动。一个真正有本领的人，多是讷于言而敏于行的，喜欢用行动说话，反而是那些没有本领的人，才会到处吹嘘自己。

真正有能力的人不必吹嘘自己的成就，因为他的行动可以表达一切。吹嘘和夸口其实表示并不真正了解自己，也不能确知在世界上的价值。有些人总是冷眼旁观，等着事情发生；有些人则心怀好奇，猜测着什么事情会发生；而另一些人则会身体力行，促成事情的发生。

以行动表达一切，向别人证明你的能力，这比"光说不做"更能赢得别人的钦佩。信口开河容易，但终究不能证实你的能力。

自律自强，做人之上品

没有约束的人生，是苦难的人生；没有自强的生命，是脆弱的生命。一个人为什么会受到他人的尊敬，是因为这个人既有道德修养，又有自己的力量和水平；一个人为什么会被他人唾弃，是因为这个人既没有道德修养，又没有自己的能力和水平。

你是否能够生存好，关键的因素在于你自己。如果你的修养和才智比别人高，他人自然信服你；如果你处处不如别人，他人自然鄙视你。你将依靠你自己，而不是依靠别人。永远铭记这一点，对于一个人一生的发展是非常重要的。

自满自得做人，是愚蠢的表现

过分的自我感觉良好实际上是一种无知，它虽能导致傻瓜般的幸福感，让人得一时之快，但实际上常常有损名声。自满自得，是愚蠢的表现。如果一个人不能感觉和欣赏别人的美德，那么就会陶醉于自己的平庸。

一个人自我感觉良好的时候，往往会由虚荣而生出一种自大的狂妄。在这种自我欺骗中生活，往往会犯大错误。如果一个人不从自我恭维的陷阱中警醒过来，那么其人生之路就会充满各种危险。过分自信，就是自大，自大会蒙蔽双眼，使人在人生之路上栽跟头。

认为别人是傻瓜的人，其实是一个真正的傻瓜。自满自得，实际上是一种空虚的心灵满足。

享受生活，而不是享受权力

人生的美好是因为享受生活，而不是享受权力、金钱等东西。生活使人充实，享受生活能够使你感觉每一天都是赏心悦目的，生命永远是灿烂的、幸福的和快乐的。权力、金钱等东西也许会给你带来一时的欢娱，但也会给人以空虚，会使你感觉每一天都是痛苦不堪的，生命永远是烦躁的、无聊的，甚至是灰暗的。

事实上，权力是不能享受的，它与责任挂钩，若肆意滥用权力就要为此付出沉重的代价。一个人若荒唐、无知，往往会去琢磨如何享受权力，而后怎么利用手中的权力再去享受金钱，其结果往往是身陷囹圄，什么都享受不了。人生追求的目标有许多，生活的主体不是单纯追求所谓的权力和金钱。为了追求权力并且去贪婪地享受权力带来的便利，往往最终会走上一条不归路。

我们要去发现人生中的各种幸福，过充实的生活。人生有许多目标，有许多活法。要明白人生的使命，让生命发出光芒。

为人厚道是福，伪诈虚假是祸。巧伪不如拙诚，真实的人待人以真心，故能感动别人，使对方有信赖感，令对方也真心待之。

办事要圆满，得失要宽平。一时一事当认真，一利一钱当礼让，这应当作为每个人的座右铭。不认真做事，满脑子的私心杂念，怎么能成就大事呢？

第二章

人缘——未成佛时,要先结人缘

1.布施得福并不难

> 舍心不吝,名大布施。即使微不足道的小草,也会与旁边的花
> 朵,分享满杯的露珠。
>
> ——达摩《悟性论》

有句话说:"你有一份快乐,分给别人就变成了两份快乐。"这种分享就是佛家所说的布施。

《杂阿含经·卷三十六》记载:从前,佛陀在舍卫城时,有一位容貌庄严的天人来礼拜佛陀。

这个天人说道："为什么这些天上及世间的人能够常享福报呢?"佛陀说："想要常享福报，应当舍除悭贪，以欢喜、平等、无所得之心广行布施，如此便能生生世世安享福报。"

天人对佛陀说："我自知有一世曾为国王，名为悉鞞梨。当时，我在国内四周城门及城内各处要道广行布施，大散钱财。王后说自己也希望大行布施却无能为力，我便把东门所作的布施功德归属了王后。王子也对我说希望自己能够像我一样大行布施，修得福报，我便把南城门所做的功德让给了王子。后来我便将其他城西、城北及全城所做的功德皆各归属于每一个人，自己不留下任何功德。"

佛陀说道："长久以来，你始终如此布施修福，因此能够获得殊胜的福报，享受快乐如意的生活，无有穷尽。这些福德善果都汇聚到功德海中，这条大河的河水超过百千万亿斗斛，无人能够测量。你所作的一切功德及所感召的福德果报，也汇集到大功德海中，如同此河一般深广无边，不可估量，都是因为你的布施缘起啊。"

天人欢喜顶礼佛陀而后离去。

佛家认为，布施并不止于布施衣服、布施饮食，还要布施人欢喜，给予人快乐，才能算是真正的布施。布施得福并不难，自己有的时常想着给予他人一份，自己多的就大量散播出去，让受到帮助、得到分享的人能够快乐，这就是布施得福的本质，这种福才是能够流传最久的福。

有一位妇人布施一钵饭给佛，佛告诉她将来可以得到很多福报。她心中疑惑，一钵饭怎么可能得到很多福报呢?

佛说："你有没有见过尼拘陀树?它有多高呢?"

妇人回答："那种树高四五千尺，每一年生了数万果实。"

佛问："拘尼陀树的种子有多大呢?"她答："只有芥子那么小。"

佛说："地是没有心的东西，播一个芥子那么小的树种，每年尚能收获数万斛的果实，人是万物之灵，又怎么得不到福报呢?"

那么,对于我们普通人来说,布施怎样得福?

其实很简单,当我们得到一份甜美的食品或者一种好处的时候,所谓"独乐乐不如众乐乐",我们把这些能够分享的给身边的人分享一下,这就是"布施得福",大家一起开心,别人也会觉得我们不是一个吝啬的人,就会再与我们分享他们的好东西,福分自然就可以感觉到了。

一个苹果,如果我们不与别人分享,那么,我们只能尝到苹果的滋味,但假设我们把苹果分成两半分享给他人一半,那么,我们将品尝到三种味道:苹果的味道;和别人交换的水果的味道;最重要的是和别人共享快乐的味道。

我们只有懂得"利他"才能问心无愧的"利己",谁都想要享福报,得到好处,那么我们要做的就是先予福给别人,撒下福报的种子,才能收获果实。况且,这种布施分享能够让别人快乐,更能让自己快乐,这其实就是一种福分。

2.与人为善,才能广结人缘

菩萨欲普度众生,须与众生结缘,若不恒顺众生,则无法化导众生。

——本焕长老

国学大师南怀瑾曾经说过:"未成佛道,先结人缘,脸上带笑,别人想打你骂你都算了。我告诉同学们,我学遍所有武功,最后学到一种天下第一拳,就不用再学其他拳了,现在传给你们,有人要打我骂我,我就拱手跪下，说一句'你都对'就行了，这是无往而不胜利的。你如果没有人缘，还能度谁？"

佛教主张"缘起论"，认为没有任何事物可以离开因缘关系而独立存在，每一个人都与众生息息相关。有的人腰缠万贯，家产丰富，却没有人愿意理他；而有的人并不富有，才能也不突出，人缘却极好。这就是结缘与不结缘的差别。

所谓结缘，就是和他人建立融洽的关系和良好的沟通。

国学大师南怀瑾说："过去，有的人在路上点一盏路灯跟行人结缘，有人做个茶亭施茶与人结缘，有人造一座桥梁衔接两岸与人结缘，有人挖一口水井供养大众结缘，有人送一个时钟跟你结时间缘，这些都是很可贵的善缘。"

当代著名法师本焕长老最常说的一句话就是："未成佛时，要先结人缘，广结善缘，随众随缘，为教为众。"

2010年的大年初一，约有5万香客来到方丈室要见本焕长老。本焕长老就端坐在那里，香客流水般地从他面前走过。长达六七个小时的端坐，年轻人都难以承受，但本焕长老却坚持了下来，始终面带微笑，还不断地和小孩子们打招呼。

而据陪护在本焕长老身边的义工们讲述，本焕长老对身边的每一个人都非常好，到了夜里很晚时，就惦念他们有没有夜宵吃，总要说："你们有没有夜宵吃？吃的什么？要不要多准备一些？"

本焕长老后来生病，夜里两点多，他手上打着吊瓶，把义工们叫到身边，要求大家回去休息，他说："你们年轻，还要照顾家，熬坏了身体是不行的。"看到义工们一个个都答应了，本焕长老就笑得很开心，仿佛病已经好了。

一位义工说，他扶本焕长老上厕所时，本焕长老问他："你来照顾我，他们有没有意见？"听到否定的答复后，本焕长老又问："你老婆会不会骂你？"义工说不会骂，本焕长老叹一声："你来照顾我，都是缘分。"这位义工告诉人们，在照顾本焕长老的最后2个月里，本焕长老一直跟他念叨："你们都在这照顾我，实在不好！你们还年轻，睡不好觉影响身体，你们还要养家。"

所以有人说世间上最宝贵者，并非黄金白玉，也非汽车洋房；最宝贵者乃是"缘分"。人与人要有缘分才能合好；人与事要有缘分才能成功；人与社会，乃至事事物物、你、我、他等，都要有缘分才能功德圆满。

其实这人缘如何修得非常简单，那就是与人为善。我们每一个人，当我们在生活中得到了别人的关心和帮助时，应当生起感恩知足的心，并尽己所能地将这种关爱传递给需要帮助的人。如果不曾得到别人的关爱，就更应当凡事多替别人着想，学会关心照顾他人，给人以亲人般的温暖。如此与人为善，才能够广结人缘。

据《杂阿含经》记载：有一次佛陀看见一个比丘病得很厉害，他一个人躺在床上，已经奄奄一息。佛陀就上前问他："你为什么在生病时没有一个人照应，也没人与你说话？"生病的比丘说："因为我平时很懒，从不知道关心别人，在别人有病时，我也从来没有去看护人，所以我现在有病了也没有人来看护我。"原来他是因为没有人缘，所以在生病时便没人来照顾。

佛陀看到这个比丘很可怜，就说："好啦，你不要担心你的病，我现在来护理你。"于是，佛陀亲自给他打水沐浴，清洗大小便等各种秽物，又给他打扫出来一间干净温暖房间，铺设好洁净柔软的床铺，以善言安慰他，耐心服侍他的饮食起居，直到他病好为止。

佛陀不禁感叹道："因为你平日里不结人缘，所以在遇到困难的时候没有人帮助啊。"比丘忏悔道："弟子知错了，以后一定广结人缘，与人为善。"

菩萨欲普度众生，须与众生结缘，若不恒顺众生，则无法化导众生。结缘的方法很多，例如对人行个注目礼，就是用眼睛跟他结缘；赞美某人很好，就是用嘴与人结缘；或是用服务、用技术、用心意、用道理都能跟人结缘。

通过这些方法自然能够结到人缘，俗话说"你对我好，我也对你好"，人缘就是这么回事，我们对别人充满关心，用心去问候，待人真诚一些，别人感受到了我们的温暖，自然也会回馈给我们温暖，这就是人缘。

3.谁都有无限的财富做布施

以悲心布施，能远离杀害逼迫；以喜心布施，能远离忧愁苦恼，无所畏惧；以舍心布施，心无挂碍；以清净心布施，得无上智慧。

——《华严经》

一个穷人跑到释迦牟尼佛面前哭诉：我无论做什么事儿都不能成功，这是为什么？

佛告诉他：这是因为你没有学会布施。

这个人说：可是我是个穷光蛋，拿什么布施呀？

佛说：一个人既使没有钱也可以给予别人七样东西：一是颜施，你可以用微笑与别人相处；二是言施，要对别人多说温柔、安慰、谦让、称赞和鼓励的话；三是心施，敞开心扉，诚恳待人；四是眼施，以善意的眼光去看别人；五是身施，以行动去帮助别人；六是座施，乘船坐车时将自己的座位让给别人；七是房施，把自己空闲的房子提供别人休息。无论是谁，只要有了这七种东西，好运就会如影随形。

假如你愿意的话，你现在就有无限的财富可以做布施。从家庭到社会，一句安慰的话，一句关心的话，一句理解的话，一句包容的话，一颗感恩的心，一颗慈悲的心，一颗随喜的心，扶走路困难老人一把，拉摔跤的人一把，帮无法自理的人一把……一个动作，一个眼神，一种态度，一些热情……这些的这些，有时比钱更重要、比物质更需要。而这些都必须建立在无私的布施心上，这是以精神作为指导思想的，所以谁都有无限的财富。

遭受危难的亲朋、陌生人或者敌人，及时的给予援手、不吝啬的平等的施与援手，帮他脱离危险抵达安全，这就是菩萨心肠的示现，这就是布施。

某家公司的经理王烨在创业的初始阶段，想招聘有才华并且有经验的会计员工却很难，因为公司处在起步阶段，所以工资待遇上无法和大公司相比，这样一来，有资历的人才便不愿意到王烨的公司应聘。经过大家的讨论，公司决定启用新人：一是可以减少工资开销；二是等公司发展壮大后，能够拥有中流砥柱。

他们聘请了一位不错的新人，为了让他能够在公司的未来发展中起到重要作用，身为经理的王烨非常珍惜人才，不仅在工作上帮助他提高，在生活中也会主动帮助他。新人很卖力地工作，可是在公司刚刚步入正轨时，却赶上了经济危机。经济危机对这种刚起步的小公司来说无疑是一种重创，公司的财政也因此受到了严重威胁，公司中部分人出现了辞职的举动。令王烨意想不到的是，这名普通的会计，不仅没有辞职的打算，还一直安抚着公司的其他员工，甚至自己主动提出降低工资的要求。

正是经理平时的关心、照顾，才让新手会计在面对经济危机冲击时，能够大公无私、全心全意地帮助公司渡过难关。其实，无论是商场还是人生的战场，都是如此。

佛经中这样讲述布施的好处：以悲心布施，能远离杀害逼迫；以喜心布施，能远离忧愁苦恼，无所畏惧；以舍心布施，心无挂碍；以清净心布施，得无上智慧。

有一座半山腰上的寺庙，香客很多，来来往往很热闹。香客来寺庙拜佛许愿的同时，都会留下一些钱财作为"香油钱"供奉佛祖。

这天，来了一个叫花子，他参拜完佛祖之后，往盛放"香油钱"的匣子走过去，他没有放钱，只是往里面放了一束野花。旁边的小和尚看见了刚要阻止，身旁的另一个和尚悄悄地拉了拉他的衣袖，低声对他说："这野花，也是香油钱。"

小和尚对这话并不是很明白，但是也没有多说什么。到了晚上快要睡觉的时候，他又想起了白天的事，于是就拿着那束鲜花来到师父的房间，师父看着野花就知道是什么事情了，没有问小和尚任何话，只是看着野花面露欣赏的微笑。

小和尚刚想要开口问师父，但是看着师父的笑容，他突然顿悟了：供佛不一定非要用金钱，一束野花能让人心生愉快，不也是一份虔诚的佛心吗？

佛讲，有三种人虽然不一定布施自己的钱财，但只要有"净心"，同样也会有施福：第一种，你受委托人之派遣，拿着他的财物去布施。你的发心、你的动机，出于和那个施主同样的"净心"，你也同样有布施的功德。第二种，自己虽无能力布施，但看到别人肯布施，自己由衷地感到高兴，或也尽己所能，助上一份，这也同样的有施福。不是像社会上有些人，看到人家做好事，心存嫉妒，甚至鸡蛋里挑骨头，散布流言蜚语。第三种就是劝人多做布施，同自己拿出东西做布施一样，都可以得到布施的福报。

4.不要滥用朋友的缘分

保持良好友谊关系的最好方法，是永远不要欠他什么东西，也不要借给他任何东西。友谊是生活的调味品，也是生活的止痛剂。

——慧律法师

友情确实可以成为我们在社会生活中的动力机器，但它毕竟马力有限，需要不时地加油。为了让它发挥功效，正常运转，请注意别让友情"超载"。

张超是个很讲义气的小伙子，大学毕业后被分在省级机关工作。自打成家有子之后，他越来越有一种负疲感：自己是不是那种薄情寡义之人？

他越来越怕接到朋友或家乡故人的电话或短信，内容无非是说"我几时几时要到你那儿，帮忙买张卧铺票"、"帮忙联系个医生"、"陪我逛逛百货大楼"、"托你带件什么东西"……诸如此类的琐碎小事。你要说这些事有多难吧，也确实没多难；你要说没多大事吧，可每次总把人折腾得精疲力尽。更可怕的是朋友到家里来住，地方小倒腾不开，再加上吃喝用拿，自打朋友走后的那几天，妻子的脸色总是怪怪的，阴晴不定，时不时嘴里冒出一句："狐朋狗友！"弄得张超左右为难，尴尬万分。

张超的感觉其实没有任何错，错出在他的朋友身上。

传统的友情总是抱定一种不讲道理的假设"是朋友就该如何如何"，事实上，任何人都没有这种必须帮助你的义务，假若你够朋友，你就不该要求别人如何如何，在友情的逻辑中，上述假定应更改为"只有如何如何，才能交上朋友"。

一个健康的个体必然充分注重保护自己各方面的权利，他总是希望得到有价值的东西，选择对自己有价值的交往对象。许多人常常为功利与情义而纠缠不清，总想把自己真实的动机掩盖起来，其结果反而是两败俱伤、一无所获。要记住，积极健康的个体并非无私无欲，但要取之有道。

都市人的生活就像军营一样，上班、下班、吃饭、熄灯都是整齐划一的。不同的是，这种秩序不是靠纪律而是靠生产和生活方式决定的。你找都市里的朋友帮忙时，或许没耗费他们的金钱与精力，但却可能打乱了他们正常的生活秩序，为了帮你搞车票，要耽误工作而且欠人情；为了陪你吃饭，没能接孩子，妻子不高兴……朋友也许不好意思说出他的付出与牺牲，但你若将这一切视为当然或应该，时间久了，就不会有朋友了，因为你的心中只有你自己。

要想友谊地久天长，就要相互理解体谅。无论在哪里，都不能"靠"朋友。拿朋友当拐杖则是贬低朋友，滥用朋友的情义。倘若你迫不及待地让朋友为你办事，日后还能让他为你做什么呢？能够帮你的朋友比一切都珍贵，珍贵之物决不应滥用。

5.每一个因缘,都会使你结识一位陌生人

因和果辗转相生，谓之因果报应。有因才有果，每个缘由都是人生的下一次改变。

——圣德法师

《论语》里边讲："无友不如己者。"对于这句话的理解，有些人认为是我交的朋友一定要比我好，如果你不如我，我就不愿意搭理你，实际上抱有这样的想法就不能够广结善缘。

首先要尊重每一个人，也就是说，要把每一个人都平等对待，无论对方的长相、家世等如何，我们都应诚心实意地对对方好，这样才能体现广结善缘的用心。

有位老师父带着一群年少沙弥，在一座古庙里修行。

老师父对小沙弥们很严格，教导他们一定不能松懈，必须要用百倍的努力修行才行。他经常叮嘱弟子："学佛要严于律己，在日常生活中，要时时刻刻背诵经文，即使是出门托钵，走在路上也要用心背诵。"

其中有位小沙弥非常听师父的话，有一天，小沙弥出门，他手里托着钵，嘴里不停地念诵着经文，他非常专注，居然忘记了化缘。

路边有位长者看到小沙弥眼睛注视着钵，口中一直背诵经文，他非常喜欢，心想一个孩子出门化缘不易，又如此热爱佛门，他便打开门，让小沙弥进去，可是小沙弥仍然没有察觉到他，从他家的门前走了过去。这位长者着急地喊道："阿弥陀佛，这位年轻的沙弥，你的钵还是空的，难道你不饿吗？我家的大门敞开着就是要迎接你啊。"

小沙弥不好意思地说："长者，我太专心背诵经文，所以走过头而没有看见你。"

长者问道："你年纪轻轻怎么能够如此专心，而对周围的环境都没注意呢？"

小沙弥回答："我的师父要求很严格，教我们不能放纵心念，他规定我们每天要背诵很多经文，我比较愚笨，所以只好不停地背。"

长者听了小沙弥的话越加觉得心里喜欢，他说："你这么用功精进，我实在喜欢，不如以后我每天供养你满钵的食物，那样你就可以专心背诵，不用再到处托钵了。"

从那时候开始，这位长者持续地供给小沙弥基本的生活所需，与佛家结下了不解之缘。

我们的生活离不开至亲好友，但如果在社交护航队中没有"重要的陌生人"，我们也走不了太远。

什么是"重要的陌生人"呢？《时代》周刊的固定供稿人、幽默作家乔尔·斯坦读到2006年度最具影响力人物的提名时，他向自己提出了一个问题："写写那些真正对我有影响的人怎么样？"

于是，"对乔尔最具影响力的100位人物"产生了。

到底谁是那些对乔尔·斯坦产生影响的人呢？当然是他爱的人，但即使包括他的妻子、母亲、父亲在内，也只有18位，另外的那些，有40人是在不同程度上对他的事业发展起到过促进作用的人，比如给了他第一份工作、让他做情景喜剧编剧的制片人……还有大约15人，是能给他提供不可或缺的服务或建议的人，比如他的律师、经纪人、注册会计师、他在花旗银行的客户代表以及他的眼科医生，还有"通过修正我的书稿错误使我看起来很聪明"的文字编辑……乔尔还列出了他以前的房东、租户、抵押交易员，以及把房子卖给他的那对夫妇："如果我的房子遇到水暖管道问题，去找他们会非常方便。"

实际情况是，与"对乔尔最具影响力的100位人物相似"，我们每个人都拥有各自重要的陌生人——家人和密友之外的那些人。他们可以是我们认识了很长时间的人，也可以是我们偶尔才会遇到或只在特定场合遇到的人。他们涉及我们生活的方方面面，而每一个人都以某种方式与我们产生联系，并满足我们的特定需要。

最宝贵的金子总是埋在沙子的下面，好东西都要靠挖掘才能得到。在这个已然缩小的地球村里，人与人之间不再只是陌生人。下面这个故事告诉你，生活中充满着许许多多因缘，每一个因缘都会使你结识一位陌生人，每一位陌生人，都可能将你推向一个新的高峰。

一个风雨交加的夜晚，一对老夫妇在路上艰难地走着。终于，他们发现了一家灯火通明的旅馆。老夫妇走进旅馆的大厅，向服务生申请住宿。

当时，乔治·波特正好在这家旅馆值夜班。他说："十分抱歉，今天的房间已经被早上来开会的团体订满了。"老夫妇听了乔治的话很失望，准备另找一家旅馆住宿。乔治拦下了老夫妇，说："若是在平常，我可以送你们去附近的旅馆，可是我无法想象你们要再一次置身于风雨中，你们何不待在我的房间呢？它虽然不是豪华的套房，但还是蛮干净的，因为我必需值班，我可以待在办公室里休息。"乔治很诚恳地向这对老夫妇提出了这个建议。

这对老夫妇大方地接受了他的建议，并对给乔治带来的不便致歉。

第二天早晨，雨过天晴。老先生前去结账时，在柜台服务的仍是昨晚的那个年轻人乔治。乔治亲切地告诉老人："昨天您住的房间并不是饭店的客房，所以我们不会收您的钱，也希望您与夫人旅途愉快！"

老先生不断地向乔治道谢，并且称赞："你是每个旅馆老板梦寐以求的员工，或许改天我可以帮你盖家旅馆。"

乔治听了微微一笑，只当老先生是在说一些感激的话，并没有记在心上。几年后，乔治却收到一封挂号信，信中叙说了那个风雨交加的夜晚一对老夫妇的故事。另外还附有一张邀请函和一张去纽约的来回机票，邀请他到纽约一游。

在抵达纽约的曼哈顿后，乔治在第5街及34街的路口遇到了当年的那位老先生。这个路口正矗立着一栋华丽的新大楼。老先生告诉年轻人说："这是我为你盖的旅馆，希望你来为我经营！"

乔治惊讶不已，说话变得结结巴巴："您是不是有什么条件？您为什么选择我呢？您到底是谁？"

"我叫威廉·阿斯特，我没有任何附加条件。我说过，你正是我梦寐以求的员工！"老先生郑重地告诉年轻人。

那家旅馆就是纽约最豪华、最著名的华尔道夫饭店。这家饭店在1931年启用，是旅客们极致尊荣的地位象征，也是各国的高层政要造访纽约下榻的首选。而接下这份工作的年轻服务生乔治·波特成为了奠定华尔道夫世纪地位的著名企业家。

鲁宾逊孤岛生存的时代早已经过去，如今的我们，要随时随地，想一想你身边的"陌生人"，要学会主动对陌生人热情相待，主动把每一件事都做到完善，主动对每一个机会都充满感激。

6.真诚心是菩提心的体

假如我们期待他人先开始，就不是修行。不要去执著条规和外相。如果你最多以百分之十的时间来看他人，而以百分之九十的时间来看自己，你的修行还算可以。

——净空法师

生活中我们给人以微笑，别人就会还我们以微笑，给人以真心必然能够换来真心。孟子云："爱人者人恒爱之，敬人者人恒敬之。"俗话也有言："投之以桃，报之以李。""你敬我一尺，我还你一丈。"微笑只是一个我们表达自己真心的表现，让别人感受到我们是在表达自己的真心，而不是每天冷着脸，对谁都毫不理睬。

有的人对真心待人抱怀疑或否定态度，理由是：我真心待人，别人若不真心待我，那我岂不是很傻、很吃亏吗？不能否认生活中有这样的人，其实当我们的善良和真诚被心怀叵测的人愚弄之后，吃亏更多、损失更大的并不是自己，而是对方。伤人的人在承受你怨恨的同时，还要承受他人的蔑视以及被群体排斥的孤独。

很多人都觉得，积极主动地付出友善真诚仅仅是讲如何对待别人，其实准确地说，友善真诚地待人更重要的是指如何善待自己。我们待人以善意，别人以善意相报；我们待人以真诚，别人以真诚回馈。这就是我们经常所说的"将心比心"、"以心换心"。

净空法师曾说："真诚心是菩提心的体。我们要用真心、要用诚意处事待人接物，不要怕别人欺骗我。别人用虚情假意对我，我用真诚心对他，不要怕人骗我，不要怕吃亏，不要怕上当，什么都不怕，就是用真心待人。"

有一次，阿修罗王生病了，变得面容憔悴、精神萎靡，释提桓因知道后即前往探视。阿修罗王告诉释提桓因："希望你能让我的病赶快好起来，身体恢复到和过去一样健康。"释提桓因却说："如果你能教我阿修罗幻术，我就让你像从前一样健康、快乐。"阿修罗王想了想回答说："等我问过其他阿修罗后，如果可行，我一定教你。"

阿修罗王回去后，即问其他阿修罗们的意见。当时有一位专门以谄媚虚伪的幻术闻名世人的阿修罗，告诉阿修罗王："释提桓因从过去的久远而来，他行为端正、内心正直，常修善法，从不虚伪诳妄他人。您可以跟他说：'如果修了阿修罗谄媚虚伪的幻术，则会堕入卢楼地狱中。'释提桓因必定会放弃学幻术的想法，并祝愿大王您早日康复。"

阿修罗王听了之后，即约释提桓因前来，并依此阿修罗建议，以偈语告之："身心清净帝释天，若知幻术堕泥犁。于那卢留地狱中，直待一劫被烧煮。"

当时释提桓因一听偈语即说："请阿修罗王不要再说了，我已不想学此幻术，并且真心祝愿阿修罗王您的病能很快复元，身心安稳无忧。"

这件事情让佛陀知道了，佛陀告诉比丘们："释提桓因虽处天道，尚且能做到不虚伪诡媚，常以真实无妄之心待人处事，你们皆已剃除须发，出家修行，难道还做不到远离虚伪诡媚？若能以真诚无妄之心待人接物，则能与佛法相应。"

人与人之间需要更多的真诚，而不是自以为是的小聪明。《围炉夜话》里说："世风之狡诈多端，到底忠厚人颠扑不破，末俗以繁华相尚，终觉冷淡处趣味弥长。"意思是说尽管社会上盛行尔虞我诈的风气，但说到底还是忠厚老实人能永远立于不败之地。腐朽的社会习俗争相以奢靡浮华为时尚，但毕竟还是在清净平淡之中体会到的淡泊趣味更为持久绵长。

有一天，狐狸要请仙鹤吃饭。可是，饭桌上没有肉，也没有鱼，只有一个平底的小盘子，里面盛了一些清汤。仙鹤的嘴巴又长又尖，小盘子里的汤喝不到。可是狐狸的呢，嘴巴又大又阔，一张开嘴巴就把小盘子里的汤喝光了，还不停地发出"咂咂"的声音。

狐狸对仙鹤说："仙鹤，你吃饱了吗？味道不错吧？"聪明的仙鹤看出狐狸是故意在骗自己，明知道自己不适合这样吃饭，却如此招待；于是，它一句话也没说就走了。

过了几天，仙鹤也请狐狸吃饭。狐狸还没有走到仙鹤家，就闻到一股香味，馋得口水直往下流。狐狸赶快走进屋子，看见一个长脖子的瓶子里，装了许多好吃的东西，都是狐狸最爱吃的。

仙鹤指着长脖子瓶子对狐狸说："今天请你尝尝我烧的好菜，请吃吧。"仙鹤又拿来一只长脖子瓶子，自己吃了起来。

狐狸急忙伸长脖子，把嘴伸到瓶口，可是瓶子的口很小，他伸啊伸，又阔又大的嘴巴怎么也伸不进去。

仙鹤吃完了自己的一份，抬头见狐狸这副模样，心里很高兴，就问狐狸："咦，你怎么不吃？还客气什么？"

狐狸想起自己请仙鹤吃饭的事，很惭愧，脸涨得通红。

仙鹤看出了狐狸的惭愧，于是把准备好的用碗盛的肉，端给狐狸，并说："你看我够不够朋友？你知道我的嘴巴长无法用盘子吃饭，上次你请我吃饭，居然还用计，这次我也用计，你是不是很不好受啊？咱们都是朋友，为何不以诚待人呢？"

狐狸记住了仙鹤的话，并在仙鹤家饱饱地吃了一餐，很感激仙鹤。从此以后，它们成为了好朋友，狐狸再也不骗仙鹤了。

待人以心换心，就是要我们真诚待人，用真心待人，对每个人都一视同仁，不虚伪，这样才能够"换得"别人的心。试想一下，这个社会若是每个人都对人以真心，哪里还会有欺骗，哪里还会有伪善呢？那样一定会是一个非常和谐美好的社会，只待我们去努力实现。

7.请不要吝惜你的赞美

常常赞美别人，这是一种愉快而有报偿的习惯。人类天性最深刻的根本，是对于赞美的渴望。人类天性中最根深蒂固的本性就是渴望被人赏识。你能在自己能力之内，轻易地为这世界增添快乐。

——海涛法师

我们身边的每个人，当然也包括我们自己，都希望受到周围人的赞美，希望自己的价值得到肯定。虽然我们都处于一个极小的天地里，但却仍认为自己是这个小天地里的重要人物。对于肉麻的奉承，我们会感到恶心，然而又渴望得到对方由衷的赞美。其实我们每个人期望得到别人赞美的心理都是一样的，学会了赞美，有时可以绝处逢生。

19世纪初，一个穷困潦倒的英国青年一篇又一篇地向外投寄稿件，却一篇又一篇地被编辑退回。正当他快要绝望时，他意外地收到一位编辑的来信，信很短："亲爱的，你的文章是我们多年来梦寐以求的作品，年轻人，坚持写下去，相信你一定会成功的！"正是这几句赞美的话，给了绝望的青年以勇气、力量和信心。几年之后，这位年轻人成为一代文学巨将，他就是狄更斯。

也许，那位编辑压根儿就没有想到，他那封三言两语的回信，竟会让一个人绝处逢生。

还有一位作家达尔科夫，他在孩提时代极为胆怯、害羞，几乎没有什么朋友，对什么事都缺乏自信。一天，他的老师布置学生给一篇小说写续文。现在他已无法回忆起他写的那篇续文有什么独到之处，或者老师给的评分究竟是多少，但他至今仍清楚地记得，而且永生不忘的是老师在他的作文的页边空白处写了四个字："写得不错"。这四个字，竟改变了他的人生。在中学剩余的日子里，他写了许多短篇小说，经常将它们带给这位老师评阅。在她不断给予的鼓励下，达尔科夫成为了中学报纸的编辑，最终成为了一名作家。

"一句赞美的话能当我十天的干粮。"马克·吐温的这句话形象地说明了赞美的作用和力量。人类天性渴望认同，每个人天生都渴望得到他人的赞赏；同样也都惧怕责难。美国第十六任总统林肯说："人人都需要赞美，你我都不例外。"心理学家威廉·詹姆斯说："人性中最本质的愿望就是希望得到赞赏。"

赞美对影响他人有着一种神奇的力量。行为专家认为，赞扬是一些与行为发生联系的东西，它能促使某种行为重新出现。当大脑接受到赞扬的刺激，大脑皮层形成的兴奋状态调动起各种系统的积极性，潜在的力量能动地变成了现实，行为也就因此发生改变。

在生活中，有很多时候，一个微笑，一句赞美，一语鼓励，再简单不过，给人的感受却温暖如三月的阳光。所以，请不要吝惜你的阳光，请不要吝惜你的鼓励。

但是怎样才能做到会赞美呢？

(1)真诚是前提

赞美应该是以真诚为前提的，虚伪和做作是苍白无力的，赞美必须是真心实意的。虚假的赞美不仅达不到想要的结果，往往会让人认为是讽刺挖苦或者是溜须拍马，让人感到恶心、让人鄙视。俗话说："心诚则灵。"真诚地赞美来自内心深处，是心灵的感应，是对被赞美者的羡慕和钦佩，能使对方受到感染、发出共鸣。

(2)具体是真谛

赞美应该是针对某个人或者是某件事而言的，空洞的赞美只会让人觉得你很虚伪。过于笼统、过于空泛、过于抽象、缺乏具体内容的赞美让人感到不舒服。例如，第一次见到某人，就对别人大加赞美："你真是个无比聪明的、了不起的人物啊！"这样的话，会让别人对你的第一印象大打折扣。如果在赞美之前，加上一些定语，把要赞美的话语具体化，效果就会大有不同。"听说你的文采不错，思路开阔，文笔犀利，你真是个才子呀！"

(3)准确是灵魂

真诚的赞美会让人感觉到自己的价值，准确的赞美是赞美时的灵魂。赞美时不要张冠李戴，更不能闹出笑话。一个妈妈赞美别人的儿子英语学习比自己的儿子好："你看人家某某，比我们家老二强多了，不用说26个字母，就连48个音标都背得滚瓜烂熟。"这样的赞美真是让人哭笑不得。

(4)及时是雨露

人人都需要被赞美，这是人性使然。当下属工作有突出表现时，上司要及时地给予赞美；当孩子考试成绩有进步时，要及时地给予赞美；当朋友有了某方面的成就时，要及时地给予赞美……这样，你的人际关系就会越来越好。

8.留三分余地于人，留些肚量于己

常宽容于物，不削于人，可谓至极。对事物时常宽恕容忍，不与别人计较，可谓到极致了。

——福田大师《肚量说》

俗话说"做人留一线，日后好相见"，生活中留三分余地给别人，其实就是留三分余地给自己。而在我们夺走了对方的三分余地之时，也就把自己逼到了没有退路的悬崖边上。

所谓做人三分法——说话留三分，做事留三分。我们平时要多看到他人的长处，评论别人时须留"口德"。当他人做错事而受到批评指责时，要掌握"责人不必苛尽，留三分余地于人，留些肚量于己"，在争利益的同时也不要把对方逼到"无路可走"，这样才能够让大家都得到好处，而不至于撕破脸皮，得不偿失。

让三分，留余地，表面上包含两方面的意思：一是给自己留余地，有进有退，进退自如，以便日后更能机动灵活地处理事务，解决复杂多变的社会问题；二是给别人留余地，无论在什么情况下，也不要把别人推向绝路，万不可逼人于死地，那样会迫使对方做出极端的反抗，如此一来，事情的结果对彼此都没有好处。

当你遇到美味可口的佳肴时，要留出三分让给别人吃，这样才是一种美德。路留一步，味留三分，是提倡一种谨慎的利世济人的方式。在生活中，除了原则问题须坚持外，对小事互相谦让会使个人的身心保持愉快。

清代康熙年间，人称"张宰相"的张英与一个姓叶的侍郎，两家毗邻而居。叶家重建府第，将两家公共的弄墙拆去并侵占三尺，张家自然不服，遂引起争端。张家立即发鸡毛信给京城的张英，要求他出面干预，张英却作诗一首："千里家书只为墙，再让三尺又何妨？万里长城今犹在，不见当年秦始皇。"张英看见诗后立即退后三尺筑墙，而叶家也深表敬意，也退后三尺。这样两家之间即由从前的三尺巷形成了六尺巷，被百姓传为佳话。

凡事让步表面上看来是吃亏的，但事实上由此获得的收益要比你失去的还要多。这正是一种成熟的、以退为进的明智做法。

事物的发展都是相对的，谦让很多时候都是发生在竞争的情形之中，由于谦和礼让的出现而使矛盾完全化解，更免去了一场不必要的争斗，对手变手足，仇人变兄弟。因此，谦让是避免斗争的极好方法，对于自身也有一定的价值。

得理不让人，让对方走投无路，有可能激起对方"求生"的意志，而既然是"求生"，就有可能会"不择手段"，这对你自己将造成伤害，而且造成伤害是无法估量的。对方"无理"，明知理亏，你在"理"字已明之下，放他一条生路，他会心存感激，来日自当图报，就算不会如此，也不太可能再度与你为敌。这就是人性。

当你一味争抢的时候，不仅伤害了对方，也有可能连带地伤了他的家人，甚至毁了对方一生的幸福，这未免有失做人的德性。得理让人，不仅是一种积蓄，更是一种财富。

世界很大也很小，要知道地球是圆的，山不转水转，后会有期的事情常有发生。你今天得理不让人，哪知他日你们二人又会狭路相逢，若那时他处于优势，而你处于劣势，你就有可能吃亏！"得理让人"，这也是为自己留条后路啊！正所谓"人情翻覆似波澜"。

今日的朋友，也许将成为明日的仇敌；而今天的对手，也可能成为明天的朋友。世事一如崎岖道路，困难重重，因此走不过的地方不妨退一步，忍一时风平浪静，退一步海阔天空。让对方先过，哪怕是宽阔的道路也要留给别人足够的空间。

"若想在困难时得到援助，就应在平时宽以待人"。包容接纳、团结更多的人，在顺利的时候共同奋斗，在困难的时候患难与共，进而为自己增加成功的能量，创造更多成功的机会。反之，则会使大家疏远你，在其成功的道路上，人为地增加阻力。

人们往往把大海比作宽广的胸怀，因为大海能广纳百川，也不拒暴雨和巨浪；也有人把忍耐性比做弹簧，弹簧具有能伸能屈的韧性。人们在一个单位或集体中工作学习，难免会产生一些意见或矛盾。但是，如果经常为一些鸡毛蒜皮的小事争得面红耳赤，谁都不肯退让，以致大打出手，事后静下心来想想，当时若能忍让三分，自会风平浪静，大事化小，小事化了。事实上，越是有理的人，如果表现得越谦让，越能显示出他胸襟坦荡、富有修养，反而更能得到他人的钦佩。

汉朝时有一个叫刘宽的人，为人宽厚仁慈。他在南阳当太守时，老百姓做了错事，为了以示惩戒，他只是让差役用蒲草鞭责打，使之不再重犯，此举深得民心。刘宽的夫人为了试探他是否像人们所说的那样仁厚，便让婢女在他和下属集体办公的时候捧出肉汤，故作不小心把肉汤洒在他的官服上。要是一般的人，就算不把婢女毒打一顿，至少也要怒斥一番。但是刘宽不仅没发脾气，反而问婢女："肉羹有没有烫着你的手？"由此足见刘宽为人宽容之肚量确实超乎一般人。

这就是有理让三分的做法，刘宽的肚量可谓不小。他感化了人心，也赢得了人心。人人都有自尊心和好胜心，在生活中，对一些非原则性的问题，我们应该主动显示出自己比他人更有容人之雅量。

俗话说：人非圣贤，孰能无过。每个人都难免会偶有过失，因此每个人都有需要别人原谅的时候。

大部分人一旦陷身于争斗的漩涡，便不由自主地焦躁起来，有时为了利益，甚至为了面子，也要强词夺理，一争高下。一旦自己得了"理"，便决不饶人，非逼得对方鸣金收兵或自认倒霉不可。然而这次"得理不饶人"虽然让你吹响胜利的号角，但也成了下次争斗的前奏。因为这对"战败"的一方也是一种面子和利益之争，他当然要伺机"讨"还。

在这种时候，我们为什么就不能像刘宽那样，即使自己有理，也应让别人三分。其实，有些时候给他人让出了台阶，也是为自己攒下了人情，留下了一条后路。

宽以待人，要有主动"让道"精神，宽容让人。在与他人交往中，常常会因为个性、脾气、爱好、要求的不统一，价值观念的差异产生矛盾或冲突，此时我们应记住一位哲人的话："航行中有一条公认的规则，操纵灵敏的船应该给不太灵敏的船让道。我认为，这在人与人的关系中也是应遵循的一条规律。"因此，做一个能理解、容纳他人优点和缺点的人，才会受到他人的欢迎。相反，那些只知道对人吹毛求疵，没完没了地批评说教的人，怎么会拥有亲密的朋友呢？人们对他只有敬而远之！

延伸阅读：

营造和维系好人缘

营造和维系好人缘，是一门学问，更是一种艺术。经营好自己的人际关系网，编织一个牢固庞大的人际网络，当你需要帮助时，就会有人向你伸出热诚的双手，给你一个可以依靠的肩膀。

以下六种人缘是你一生的功课。

第一种，以亲情为基础的关系：血浓于水。

"血浓于水"是人们常说的一句话，亲戚之间的血缘或亲缘关系决定了彼此之间特殊的亲密性。遇到困难，人们首先想到的就是找亲戚帮助。作为亲戚，对方也大都会很热情地向你伸出援助之手。

第二种，以友谊为基础的关系：同学情与战友谊。

少年时代建立的同学关系是十分纯洁的，有可能发展为长久、牢固的友谊。由于在学生时代的我们，年轻、单纯、热情奔放，对未来的人生充满崇高的理想，而这样的理想往往是同学们所共同追求的目标，曾几何时，彼此在一起热烈地争论和探讨，每一个人的内心世界都袒露在他人面前。加之同学之间的朝夕相处，彼此之间有一定的了解。平时一定要注意和同学培养、联络感情，人情话该说的时候要递上，只有平时经常联络，同学的友谊之情才不至于疏远，同学才会很乐意帮助你。

第三种，以乡情为基础的关系：乡里乡亲。

在错综复杂的人际关系里，搞好老乡的关系是十分必要的，不仅可以多交一些朋友，最重要的是可以获得很多有价值的东西，或许它可以让你一辈子都会受益无穷。现代社会的人口流动性十分之大，很多人都离开自己的家乡到异地去求职谋生。身在陌生的环境里，要想拓展人际关系是有一定难度的，那就不妨从同乡的关系入手，打开人际关系的新局面。

第四种，以人心为基础的关系："得天下"的先决。

一个人的人际关系好坏与否，其实也就是赢得人心的成功与否，众人的力量是巨大的，想做什么事要依靠众人的力量，都可以轻松实现。你善待众人，懂得去搞关系，就会有许多人愿意帮助你，不断地给你提供各种各样的资源，使你能够开足马力向前进。

第五种，以外力为基础的关系：伯乐扶助走上红地毯。

一个人要想取得某种成就，就必须具备一定的条件，而这些条件的客观方面却往往掌握在他人的手中。接受他人的支持和帮助,就像一颗优良的种子不拒绝一块适合自己生长的土壤,势必会加速一个人的成功,有时甚至会决定一个人的命运,借用他人之力,关键是要找对人,一旦得到贵人的相助,难事就成为易事。

良好的"伯乐与千里马"的关系,最好是建立在各取所需、各得其所的基础上。这绝不是鼓励唯利是图的做法,而是强调以诚相待的态度,既然你有恩于我,他日我必投桃报李。

第六种,以邻居为基础的关系:远亲不如近邻。

俗话说"远亲不如近邻"。在当今实际看来,在单位,与上司、同事接触;回家后,自然要与邻居、家人相处。邻里关系也是一种重要的朋友关系,除了属于自己的那个温馨小家,邻家即成为我们必须接触的单位。

邻里之间,低头不见抬头见,如果处理不好邻里关系,两家打来骂往,谁也过不了舒心的日子。所以,我们一定要正确处理邻里关系,彼此真诚相处,和和气气,这样你不但能拥有祥和宁静的生活空间,而且遇到急难之时,邻居说不定还能助你一臂之力。

第三章

机缘——迷中不执著,悟中有受用

1.只要不执著,就有办法化解

同样过一天——有人虚妄迷惑,颠倒痛苦;有人了然明白,解脱自在。

——马祖禅师

佛家说:"财富会空,真空能生妙有。"人在迷惑的时候,往往会有许多心结打不开,这通常都是因为自己钻牛角尖,固执己见,听不进别人的逆耳忠言所致。

所以当我们遭遇不顺、陷入烦恼的时候,无论迷惑、愚痴或邪见,只要不执著,就有办法化解。

有一天,一位信徒向一休禅师诉苦:"师父,我不想活了,我要自杀。我经商失败,无法应付债主们逼债,只有一死了之啊!"

"难道就没有别的办法了吗?"

"没有了!我已经山穷水尽了,家里只剩下一个幼小的女儿。"

禅师说:"我有办法帮你解决,只要你把女儿嫁给我。"

信徒大惊失色:"这……这……这简直是开玩笑!您是我师父啊!"

禅师挥挥手说:"你赶快回去宣布这件事,迎亲那天我就到你家里,做你的女婿。"

这位信徒素来虔信一休禅师,只好照办。迎亲那天,看热闹的人把信徒的家挤得水泄不通。

一休禅师安步当车抵达后,只吩咐在门口摆一张桌子,上置文房四宝,围观的人更觉稀奇,一个个屏气凝神地准备看好戏。一休禅师安安稳稳坐下来,轻松自在地写起书法,一会儿工夫就摆了一桌的楹联书画。大家看一休禅师的字写得好,争相欣赏,反而忘了今天到底来做什么的了。结果,禅师的字画不到一刻钟就被抢购一空,钱堆成小山一样高。

禅师问这位信徒说:"这些钱够还债了吗?"

信徒欢喜得连连叩首:"够了!够了!师父,您真是神通广大!"

一休禅师轻拂长袖说:"好啦!问题解决了,我也不做你的女婿了,还是做你的师父吧!"

所谓"穷则变,变则通",能够不断寻求解决之道,就会有所觉悟,有了觉悟就会有所受用,此即"迷中不执著,悟中有受用"。

寺庙里,有一位修为深厚的老和尚,他身边聚拢着一帮虔诚的弟子。

这一天,他嘱咐弟子们:"徒儿们,你们每人都去南山打一担柴回来吧。"弟子们匆匆告别师傅下山,但行至离南山不远的河边,眼前的一幕却让所有弟子都目瞪口呆——只见洪水从山上奔泻而下,阻住了去路,弟子们无论如何也休想渡河打柴了。众人只得悻悻而归，无功而返。弟子们多少都有些垂头丧气，唯独有一个小和尚，却与师傅坦然相对。

老和尚笑问："打不成柴，大家都很沮丧，为何你却如此淡定？"

小和尚看了看师傅，从怀中掏出一个苹果，递给老和尚，说道："虽然过不了河，打不了柴，但我却看见河边有棵苹果树，上边还结了苹果，我就顺手把这唯一的一颗苹果摘下来了。"

后来，这位小和尚成了老和尚的衣钵传人。

世上有走不完的路，也有过不了的河。遇见过不了的河掉头而回，是一种生存智慧，但在河边摘下一颗新"苹果"，无疑是一种更大的生存智慧。历览古今，抱持这样一种生活信念的人，最终大都实现了人生的突围和超越。

目标可以是一个，抵达目标的路线却可以有多个。在实现目标前，切忌一头扎进去，我们需要静下心来琢磨琢磨选择哪种路线更有效。有时选择比努力更重要，尤其是在面对成效甚微的努力时，我们更需要放下执念，学会变通。

第一要告诫自己：有些事情必须选择妥协。

迟田大作家曾说："权宜变通是成功的秘诀，一成不变是失败的伙伴。"的确，成功除了坚持到底之外，最重要的是必须在该转身和变通的时候，及时放下食古不化、固执己见的态度，否则只会让自己离成功的目标越来越远。所以，我们要告诫自己：有些事情必须放下执念，选择妥协。有位伟人说得好："根据情景的变化，及时调整人生的航线是量力而行的睿智和远见，放弃已不再适合局势的航线则是顾全大局的果断和胆识。"

第二是要养成学习新知识、接触新事物的习惯。

绝大多数执念的人，都是一些思想狭窄、看问题片面、不喜欢接受新事物者。他们由于思维方式偏激，观念固定重复，在大脑皮层形成了一个"惰性兴奋中心"，一旦某种思想、观念深深地扎根其中，自然很难容下其他思想、观点。因此,要想放下执念,就得不断学习新知识,接触新事物,开阔自己的思路,养成不断更新思维方式的习惯。要知道,人生如戏,每个人都是自己生命里唯一的导演。只有学会选择新事物,放弃旧事物的人才能够彻悟生活,笑看生活,拥有海阔天空的幸福境界。

第三是要善于克制自己,保持适度的自尊。

自尊心过强是导致执念的重要原因,而执念又常在虚荣心的满足中得到发展。"自尊"作为人的一种精神需要固然是必要的,也是良好的。但自尊心过强,并且不是靠智慧、技能、高尚品格获得,而是用执拗、顶撞、攻击、无理申辩来强求,就会发展为固执。固执的人为了达到自己的目的所表现出来的"坚持到底"的行为,与真正的百折不挠、顽强不屈的精神并不能相提并论。因此,要想避免陷入执念的泥潭不可自拔,就得加强自我调控,善于克制自己,以保持适度的自尊。

第四是做事认真而不迂腐,灵活而有原则。

做事太认真的人,往往会变得顽固执拗。太认真会让人看不清楚周围真实的情况,最后受害的反而是自己,甚至自己受伤、吃了亏还不知道为什么。简而言之,即,认真的生活态度是需要的,但认真得过头了就大事不妙了。

2.苦乐全凭自己的判断

真的懂自我省视的人,是没有闲工夫去管别人如何的。

——长沙禅师

生命是否有意义，最关键的在于个体的自身体验。没有了自我，一切的快乐都是虚伪的假象。不要为了某些虚荣的东西，而把宝贵的年华和快乐舍弃。

苦乐全凭自己的判断，这和客观环境并不一定有直接关系。人要活得像人，活出一种真正人的气质来，你就只做自己，因为你是独特的，是世间独一无二的，你享受自己，有自己的个性，自己的思想，不断去发展自己，这样你与任何人比都不会自卑。

一个人活着，应该是为自己而活，而不是为了迎合别人。很多时候，我们之所以不快乐、不开心，是因为太在乎周围人的眼光，为了成为别人眼里的好员工、好同事、好妻子、好丈夫……我们压抑了自己，拼命地讨好他人，却忘了我们活着不仅仅是为了他人。如果一个人太在乎别人的眼光，他就会变得畏首畏尾，就会形成没有主见的性格。

白云守端禅师在方会禅师门下参禅，几年来都无法开悟，方会禅师怜念他迟迟找不到入手处。一天，方会禅师借着机会，在禅寺前的广场上和白云守端禅师闲谈。方会禅师问："你还记得你的师傅是怎么开悟的吗？"白云守端回答："我的师傅是因为有一天跌了一跤才开悟的，悟道以后，他说了一首偈语：'我有明珠一颗，久被尘劳封锁。今朝尘尽光生，照破山河万朵。'"

方会禅师听完以后，大笑几声，径直而去，留下白云守端禅师愣在当场，心想："难道我说错了吗？为什么老师嘲笑我呢？"白云守端禅师始终放不下方会禅师的笑声，几日来，饭也无心吃，睡梦中也经常会无端惊醒。他实在忍受不住，就前往请求老师明示。

方会禅师听他诉说了几日来的苦恼，意味深长地说："你看过庙前那些表演猴把戏的小丑吗？小丑使出浑身解数，只是为了博取观众一笑。我那天对你一笑，你不但不喜欢，反而不思茶饭，梦寐难安。像你对外境这么认真的人，连一个表演猴把戏的小丑都不如，如何参透无心无相的禅呢？"

每个人都会在乎别人的看法，但是，任何事物都有一个"度"，一旦你常常让别人的看法代替自己的看法，这就是一个危险的信号了。虽然人都是群居动物，都难免有从众心理，但是人生的路还要靠自己走，如果你一味地人云亦云，被人牵着鼻子走，最后迷失自己，得不偿失。

长沙禅师有一天去游山。回来的时候，首座问："和尚什么处去来?"

长沙答："游山来。"

首座又问："到什么处来?"

长沙答："始随芳草去，又逐落花回。"

首座说："大似春意。"

长沙说："也胜秋露满美叶。"

这是禅宗史上被称扬不已的一段话。

在我们俗人看来，这是答非所问的话，近乎文不对题，然而，为什么还会被称赞呢?

那是因为我们总是被名利所困，在生括里执著，做什么总有所为，有个目的。

禅师的生命是无限自由的，他像风一样，无形，无色，无所住留，但寒暖自知，如果说风从何处来，往何处去，就落于两边，失去作为风的自由。悟后的人正是如此，他游山，散步，但他有心境的自由，他没有道理计较，也没有执著的处所，于是他可以随着芳草前行，跟着落花回来。

"轻履者远行"，就是说只有丢掉包袱，才能轻装前进，而且能走得更远。许多人之所以活得沉重，是因为他们背负了过多别人的评论，所以他们觉得人言可畏。俗话说众口难调，一味听信于人，便会丧失自己，做任何事都患得患失、诚惶诚恐，这种人一辈子也成不了大事。他们整天活在别人的阴影里，太在乎上司的态度，太在乎同事的眼神，太在乎周围人对自己的态度。这样的人生，还有什么快乐可言呢?

3.参透得失的本质

> 众生由其不达一真法界，只认识一切法之相，故有分别执著之病。
>
> ——《四十二章经》

人生总是有得有失，得到了这个，失掉了那个，有的人很贪心，想要把一切都攥在手里，失掉了任何一样都变得不开心，这就是没有参透得失的本质。

我们在得失之间要有一颗平常心。塞翁失马的故事都听说过，在这个故事中塞翁失去了很多东西，但是唯一不变的就是他快乐的内心，他始终保持着一个平和的心态。

要以"得之我幸，失之我命"的态度坦然度过整个人生，也就是"得到了是我的幸运，失去了是我的命运如此"，拥有这样的心态自然能够保持快乐。

有一天，无德禅师正在院子里锄草，迎面走过来三位信徒，向他施礼，说："人们都说佛教能够解除人生的痛苦，但我们信佛多年，却并不觉得快乐，这是怎么回事儿呢？"无德禅师放下锄头，慈祥地看着他们说："想快乐并不难，但首先要弄明白人为什么活着。"

甲说："我母亲今年八十多了，身体不好，我总是担心她离我而去。"

乙说："我要没日没夜地干活，才能够养活一家老小，我感觉很累，毫不快乐。"

丙说："我今年都快三十岁了，却连个功名都考不上，全家就指望我高中，可是屡屡失败。"

无德禅师停下了手里的活，听三个人诉说，无德禅师想了想，说道："难怪你们不快乐，是因为你们总是在计较失去的东西啊，总是在意生活里不好的一面。"

无德禅师对甲说："你的母亲身体不好，你要好好照顾她，可是你家上个月不是新添了一个女儿吗？这不让人高兴吗？"无德禅师转头对乙说："你每天工作很累，但是你有一份正经的工作，在村子里首屈一指，跟家人享受天伦之乐，这不让人高兴吗？"无德禅师最后对丙说："村子里每一块匾都是你题的字，你读书最多，识遍天下，纵览古今，这不让人高兴吗？"

三人听后都恍然大悟，道谢禅师而去。

有一位哲人说过："世界上有两种人，他们的健康、财富以及生活上的各种享受大致相同，结果，一种人是快乐的，而另一种人却得不到快乐。"杭州灵隐寺中有一副对联，上联是"人生哪能多如意"，下联是"万事但求半称心"。有时失去了身外之物，若是因此失去了好心情就太看不开了，可谓得不偿失。

在人生的道路上，每个人都在不断地累积着令自己烦恼的东西，包括名誉、地位、财富、亲情、人际关系、健康、知识、事业等。这些东西压得人们喘不过气来，使人们失去了原本应该享受的乐趣，增添许多无谓的烦恼。一旦失去其中一种便会大为在意，甚至恼火沮丧，要想办法将其夺回来。

其实人生就那么几十年，金钱地位等等的一切都不能一直陪伴我们，人死了之后也什么都带不走，若是焦虑沮丧、患得患失几十年，那就太不值得了。所以人生的本质就是快乐，每天都快乐地活，不是一种最好的活法吗？何必要为了一些身外之物黯然神伤、焦虑不已呢？

有个富人叫做白正，他感到每天都不快乐，听说在偏远的山村里有一位得道的高僧，他便把所有家产换成了一袋钻石，去找高僧。

他对高僧说："高僧！人们说你无所不知，请问在哪里可以买到全然快乐的秘方呢？"

高僧说："我这里的快乐秘方价格很贵，你准备了多少钱，可以让我看看吗？"

白正把装满钻石的袋子拿给高僧，没有想到高僧连看也不看，一把抓住袋子，转身就跑掉了。

白正非常吃惊，眼看四下又无人，只好自己追赶高僧，可是跑了很远也没有见到高僧的身影，他累得满头大汗，在树下痛哭。

正当白正哭得厉害之时，他突然发现被抢走的袋子就挂在枝丫上。他取下袋子，发现钻石还在。一瞬间，一股难以言喻的快乐充满他全身。

高僧从树后面走出来，说道："凡人不懂得得与失的平衡，自以为失要痛哭，得要欢喜，但只有抛却了这种观念你才能真正的快乐啊。"

白正叩谢禅师，回去之后开始劳动，每天都过得很快乐。

人生最大的障碍和不自在，就是受外界的牵制。对外在虚假的认同，而破坏了我们心灵的统一。绝对的本体是超越了时间、空间和因果律的范畴。"众生由其不达一真法界，只认识一切法之相，故有分别执著之病"。

人们总喜欢羡慕别人，却忽略了自己所拥有的。很多人总是渴望获得那些本不属于自己的东西，而对自己拥有的却不加以珍惜。其实，我们每个个体之所以存在于世界上，自有它存在的意义；每一个人都拥有自己的优点和长处，也有自己的缺点和短处。因此，安心做自己的人，才是智慧的人。

4.成为最好的"你自己"

若你能肯定自己,这世上就没有人能够否定你。佛陀是发现以及指点我们解脱之道的人,而"道"还是需要我们自己去践履的。

——净空法师

人活着必须顺其自然,根据自己的能力和兴趣,过自己的日子。

有一种错误观念,认为成功就一定要怎样怎样,幸福就必须如何如何,似乎只有达到某个标准的人才算成功幸福。

据说佛陀也不知道什么叫成功,就乔装来到人间,想问问别人什么叫成功。

佛陀问第一位先生:"请问,您认为什么叫成功?"

那位先生不假思索地说:"成功就是当大款,兜里有钱。"

佛陀又问了第二位先生:"先生,您认为什么叫成功?"

那位先生想了一会儿说:"成功就是做大官,有权、有势。"

佛陀接着又问第三位先生:"您怎么看待成功?"

结果第三位就说:"成功就是当名人,因为当名人能够前呼后拥、无限风光。"

佛陀听了这几个人的回答,没有听出个所以然,说:"你们就直接说什么是成功,什么是成功的标准吧!"

结果这三位先生都面面相觑,哑口无言,最后憋出一句话:"噢!佛陀!成功的标准我们也不知道,反正那东西不是我们定的。"

佛陀想:换个方法或许我能够了解什么是成功。于是佛陀乔装成一位妇人来到公园,看见一位母亲正带着孩子在公园里嬉戏。

佛陀走过去问："这位女士，我是个有钱人，您觉得我和您相比谁更成功？"

那位女士看了佛陀一眼说："您是个富人，但是我觉得我是孩子慈爱的母亲，在家里我是丈夫贤良的妻子，在企业里我是优秀的员工，在社会上我是守法的公民，每天过得平淡而又快乐，您只不过有钱而已，但是您真正快乐吗？幸福吗？您能告诉我什么叫成功吗？"

佛陀听了默默无言，他又化乔装成一个名人，看到有一个骑自行车的年轻人从旁边经过，就把他请了下来。

佛陀问："这位先生，冒昧地问您一下，我是一位名人，住的是豪宅，开的是名车，您却骑着自行车。您说，你我之间谁更成功呢？"

那位骑自行车的小伙子打量了佛陀一眼，说："哦，您是名人，我呢，虽然没有出名，但是我有充足的自我空间，能够自主地支配自己的生活。我可以下班后骑自行车出来遛弯儿，想看书就看书，想欣赏音乐就欣赏音乐。工作完成之后，我可以自由地安排自己的时间，能够与自己的家人、朋友经常团聚，享受生活所带来的快乐，我觉得我过得非常舒适。但您这位名人，我想恐怕没有什么自由，说不定连结婚都不敢对别人说，出门都要戴墨镜，吃饭都要坐角落，您完全像关在笼中的金丝鸟，您说咱俩谁更成功呢？"

佛陀听了这些以后若有所思。于是他又往前走，看见一位老农在地里耕田，于是佛陀把老农请过来，问这位农民："我想问您，我是一位有钱人，是一位名人，您是一位干农活的先生。我想，您能不能够告诉我，是您成功还是我成功呢？"

结果那位老农说："俺不知道什么叫成功，俺只知道，就凭俺这双手，凭俺自己的辛勤劳动，俺已经把四个孩子都送进学校去了，而且现在他们对社会都有所贡献，俺觉得已经非常满足，非常幸福。"

佛陀说："您这样劳动才够供四个孩子读书，但是我的钱足够供40甚至400个孩子读书，您不觉得我比您更成功吗？"

那位老农笑着说:"是的,俺相信。不过俺想,可能您没有俺的这种自豪感。俺是一个农民,就靠这双手,去辛勤耕耘这些田地,用劳动来供俺的四个孩子去读书、生活,俺觉得俺的自豪感、成就感,可能要比先生您强些。"

最后, 万能的佛陀回来告诉弟子们这一天的经历:"成功不是逼自己当上总统或成为亿万富豪,而是将自己最擅长的一面,发挥到尽善尽美。世界上最可怕的事,不是战争、疾病与贫穷,而是信心崩溃。不要做一个光是羡慕别人的人,要做一个让别人羡慕的人。若你能肯定自己,这世上就没有人能够否定你。所谓成功,就是成为最好的自己。"

其实,人生不是比赛,幸福和成功也不需要终点。许多在事业上很成功的人,他们的生活未必幸福;在生活上过得愉悦自在的人,未必拥有庞大的事业。只要你能认清这一点,你就会肯定一个事实:真正的成功和幸福是能接纳自己和肯定自己,让一切顺其自然。

美国作家威廉·福克纳说过:"不要竭尽全力地和你的同僚竞争。你应该在乎的是,你要比现在的你强。"

中国社会有个通病,就是希望每个人都照一个模式发展,衡量每个人是否"成功"采用的也是一元化的标准:在学校看成绩,进入社会看名利。尤其是在今天的中国,人们对财富的追求是第一位的,各行各业,对一个人是否成功的评价,更多地以个人财富为指标。但是,有了最好的成绩就能对社会有所贡献吗? 有了名利就一定能快乐吗?

真正的成功应是多元化的。成功可能是你创造了新的财富或技术,可能是你为他人带来了快乐,可能是你在工作岗位上得到了别人的信任,也可能是你找到了回归自我、与世无争的生活方式。每个人的成功都是独一无二的。

凌志军在其《成长》一书中得出的重要结论是"成为最好的你自己"。也就是说,成功不是要和别人相比,而是要了解自己,发掘自己的目标和兴趣,努力不懈地追求进步,让自己的每一天都比昨天更好。

5.做事要高调，做人要低调

> 盖世功劳，当不得一个矜字。弥天罪恶，当不得一个悔字。
>
> ——弘一法师

做事情时立下了功劳，自己当然感到高兴，这是人之常情，但一定不能居功自傲，到处炫耀，如此才能避免不必要的麻烦。如果不懂这个道理，将来必定后悔莫及。

法师摘录这句话的目的就是提醒我们，做事要高调，做人要低调，居功不自傲，不炫耀。

有些人不懂这些道理，立下功劳以后，往往觉得自己很了不起，生怕别人不知道，四处炫耀，不把别人放在眼里。殊不知，这样的做法隐藏着很大的危险。

在这个个性张扬的时代，每一个人都希望能突出自我。当你满怀期望地在他人面前炫耀一下时，或许根本就没有多少人理睬你、称赞你，你所能得到的只是别人的嫉妒与冷嘲热讽。如果你想赢得他人更多的爱戴与尊重，那么你就应该努力地去给别人带来帮助与快乐，而不要以一种炫耀的方式去刺激别人、伤害别人。

一个少年，摆出美味佳肴来宴请客人。一个道人入坐不久后，突然笑了起来，少年问他："请问道长在笑什么？"

他回答："我看到五万里外的山，山下有条河，有只顽皮的猴子掉入水中，所以忍不住笑了。"

少年知道他在吹嘘，也不说破，只让人在其他客人的碗上盛满各种好菜，却将饭盖在菜上端给他，因而他的碗中，只见饭不见菜。

这位道人看了,发脾气索性不吃了,少年问他为何不吃呢?他发怒瞪眼说:"碗里没菜,怎么吃?"

少年反问:"你看得见五万里外的猴子,怎不见眼前饭底下的菜呢?"

这位道人又羞又怒,赶紧跑了。

在生活中,有些人总认为自己比别人技高一筹,事事比人强。他们总是喜欢把得意挂在嘴上,逢人便炫耀自己如何如何能干,如何如何富有,完全不顾及别人的感受。甚至没有顾及当时的听者是不是正处在失意当中。他们夸夸其谈后总以为能够得到人的敬佩与欣赏,而事实上,别人并不愿意听你的得意之事,自我炫耀的结果往往会适得其反。

在别人面前炫耀,尤其在失意者面前炫耀你的得意,会让对方认为你炫耀自己的得意之事便是嘲笑他的无能,让他产生一种被比下去的感觉,让失意的人更加恼火,甚至讨厌你。

一个人取得成绩,首先可以肯定是自己努力的结果,但是也少不了别人的帮助。你在炫耀自己的成绩时,那么,对帮助过你的人是一种伤害,你眼里只有自己,而没有别人,可以想象以后别人还会不会向你伸出援助之手。

山不炫耀自己的高度,并不是影响它耸立云端;海不炫耀自己的深度,并不影响它容纳百川;地不炫耀自己的厚度,但没有谁能取代它承载万物;大自然从来不炫耀自己伟大,并不影响它孕育万物。

深藏不露,是智谋。过分的炫耀自己,就会经受更多的风吹雨打,暴露在外的椽子自然要先腐烂。一个人在社会上,如果不合时宜地过分炫耀、卖弄,那么不管你多么优秀,都难免会遭到明枪暗箭的打击和攻击。时常有人稍有名气就到处洋洋得意地炫耀,喜欢被别人奉承,这些人迟早是会吃亏的。所以在处于被动境地时一定要学会藏锋敛迹、装憨卖乖,千万不要把自己变成对方射击的靶子。

做人要低调,因为低调是一种风度、一种修养、一种胸襟、一种智慧、一种谋略，是做人的最佳姿态。欲成事者必须要宽容于人，进而为人们所悦纳，所赞赏，所钦佩，这正是人能立世的根基。低调做人，就是要不喧闹，不矫揉，不造作，不故作呻吟，不假惺惺，不卷入是非，不招人嫉，即使你认为自己满腹才华，能力比别人强，也要学会藏拙。

6.不断调整自己的人生航向

当相即道，见处即真，会相归性，无不融通。所有的工作若能配合觉性，则所有的工作皆是佛法。

——鸟巢禅师

有些时候，我们可能正在做一件很熟悉且令人愉快的事。事情进展很顺利，你的心情也异常轻松，觉得一切都很好。可是，一个偶然的现象或者一闪而过的某个念头，突然使你想起了一件伤心的往事，你的心情在一瞬间便低落下来。接下来你的情绪越来越不好，心里总是想一些令你感到失落的事。你想避开这种想法，可是不行，越是想忘掉的事，越是清晰、反复地浮现在你的脑际。这时候，你手里做的事随之缓慢起来，手脚变得不听使唤，明明很熟悉简单的事，你却怎么也做不好。

每个人都会遇到类似的状况，在人的一生当中，更是经常出现这种莫名其妙的低沉、失落。有时它持续很长一段时间，甚至使你从此再也无法振作起来。很多人对此无可奈何，找不出原因是什么。

但事实上，这种事并不奇怪，只是我们不大注意罢了。

再举一例，有一个本领高强、以实力压倒群雄的运动员选手，他技巧熟练，几乎已找不到对手，简直不知失败为何物。每个人都以他为话题，他的成功与胜利仿佛将永远持续下去。但是，想不到有一天他竟突然失去获胜的力量，以致名声也突然走下坡路了。熟悉他的人都找不到什么原因，而外界的人们更是奇怪莫名，纷纷传说。

有一位在西班牙的世界杯足球赛中，为自己的球队赢得胜利的明星球员——尤文图斯队的著名前锋保罗·罗西。他身怀高超的球技，是非常优异的选手，但为什么在世界杯以后短短的二三年内就被众人遗忘？然而事实就是如此，保罗·罗西从舞台上消失，被普拉蒂尼取代，然后是马拉多纳。

为什么有些人一下子就消失得无影无踪，有人却经过多年之后仍旧保有其地位，依然才能出众，备受瞩目？他与其他人有何差异？是身体的构造不同？还是能在心灵、精神、企图心等方面，找出其间的差异？或者说，是一种保持状态的能力在起作用？

实际上这正是我们应该注意的方向，也就是一个人内心的状态以及进取心是很重要的。

以在法国科西嘉岛上的贫困家庭出生的拿破仑为例，他拥有坚强不屈的意志，甚至能够控制自己的肉体，视情况为需要调整睡眠时间。但是，拿破仑后来也脱离现实，自认为已立于不败之地，把自己看成了神。他忘记成功是由许多条件与历史因素（亦即当时人们对革命的信仰、基层士兵的欲望、欧洲各国民心一致）所造成的，于是走向衰败。如果他有更深的教养，能够倾听别人的声音并加以反省，能够不断提醒自己不要陷于忘乎所以，或许就可以免于如此快速地走向没落。

实际上，所有的人都是如此。我们每个人的内心深处都隐藏着想要解放的欲望，这正是驱使我们向前走的强烈动机。但是，我们一旦在事业、恋爱、艺术、学术等方面获得成功，就容易忘掉是什么原因或靠谁的帮忙才得以成功，就容易放松自己的进取心。

比如一名作家，在某一段时期里，他会感到有着非常强烈的创作欲望，不断地写出脍炙人口的作品来。在写作时，他会觉得思路很顺畅，文字像要从脑海里蹦出来一样。这时候他写的东西，优美感人，人物形象栩栩如生，使人读起来不忍释手。

可是，突然有一天，或者在他付出艰辛的努力终于写完一个长篇之后，他可能会感到浑身轻松，然后预备写下一个长篇小说。但他突然发现自己怎么也写不出东西来，尽管挖空心思，却收效不大，写出来的作品连自己也看不下去。这种情况同我们开始所述一样，作家忽然找不到了感觉，但却很不容易明白这是什么道理。

实际上，这是他的状态出现了问题。当然，这同受外界的诱惑而导致的松懈完全不同，而这种状况又往往令人不明不白，难以找到具体的原因。

但这并非绝对不可扭转的，关键是不论在何种状况下，我们都应对自己的环境、心态、工作性质及周围的人的因素有个明确的了解，适当加以调整自己的情绪，改变一成不变的工作方法。这样，才可能扭转颓势，使自己重新找到良好的状态，保持不断进取的势头。

以上那位作家，是因为太投入紧张的工作和后来突然松懈形成的反差，形成心理上的疲软和过度紧张。这时候，他只要走出家门，放松自己，去大自然走一走，用一段时间完全不想写作上的事。再次提笔时，他就会发现自己的灵感恢复如初，写作起来也异常顺利。

这是调整状态的一种方法，即转移注意力。我们在连续工作和过度紧张的情况下，容易造成工作效率及心理情绪的低下，因此有必要转移注意力，让自己的身体和心灵都得到休息。

而对于另一种人来说，情况则完全与此相反。这种人是在取得一定的成功后，变得自大、骄傲、自以为是，从而自然放松了进取的主动性和积极性。

他们很满足于已经取得的成绩，认为自己用不着再像从前一样艰苦努力和辛勤劳作。因此他们开始讲究享受,个性也变得狂傲不羁,颐指气使,高高在上。但是这种日子不会持续太久,到他突然发现自己坐吃山空,需要重新创业时,他会惊慌失措,迫不及待地重操旧业。

显然,这时候他们已找不到当初劲头十足、游刃有余的感觉,做什么事都会磕磕绊绊,极不顺利。这当然是由于身心的懈怠所致。

善于调整自己的人不会允许自己出现这种松懈。不管取得了什么样的成就,他都能正确面对,心神宁静。他不会为任何的成功沾沾自喜,忘记了追求成功的艰辛和困苦,也不会为一时的挫折垂头丧气,失去了重新战斗的勇气。只有这种人,才不会被历史的洪流所埋没、冲走。

记得,要不断调整自己的人生航向,使之在安全、正确的航道上高速前进,一直到达理想的彼岸。

7.不要忧虑超过我们能力的事

快乐不是来自我们拥有什么,而是来自我们做了什么。扯断伤心的铁链,断然挣脱烦恼的人,必得享快乐。不要忧虑超过我们能力的事。

——传喜法师

很多人,一辈子在为一个大目标奋斗,可到头来不是依然在山脚下,就是在半山腰,所谓的顶峰依然可望不可及。即便我们拼了老命达到了这个高度,那又怎样?你的身后还有一大拨人前赴后继,你在这个山头会看到更高的山,你的心中又会为征服另一个高度而躁动。

你这一辈子跋山涉水，似乎仅仅就为一个高度而活，你在攀越时，是否留意你周围那些美好的却一瞬而过的风景？是否有人陪你一路攀越，你在这一路上留下的更多是欢声笑语，无怨无悔，还是在更多时光里产生高处不胜寒的感觉？孤独寂寞无处诉说，你是孤胆英雄，可你的知己在哪里？

如果有一天，无数人到达你的那个高度，与你比拼实力，当你无法抵挡，被人挤落下来后，你到底有多少承受能力？你有勇气反败为胜、重整旗鼓吗？假如你跌落得足够深，摔得足够重，你还拿什么去追赶别人？

其实，静下心来仔细想想，生活中的许多事情，并不是你的能力不强，恰恰是因为你的愿望不切实际。事实上，世间任何事情都有一个限度，超过了这个限度，好多事情都可能是极其荒谬的。

一个和尚，身着破衣芒鞋，云游四方，立志要当一名得道高僧。当他去化缘的时候，因为身上总是背着一个口袋，所以被人们叫做"布袋和尚"。因为有一个口袋，别人以为里面放的是他用的、吃的，所以一见口袋小了就一直不停地供养他。后来和尚嫌一个布袋不够，就背了两个布袋出门化缘。

有一天，和尚像往常一样外出化缘，化得了两大袋满满的食物。在回去的路上，因为布袋太重，就在路旁歇息打盹。茫然中，他仿若听到有人对他说："左边布袋，右边布袋，放下布袋，何其自在。"

他猛然惊醒，细心一想：我左边背一个布袋，右边背一个布袋，这么多东西缚住自己，压得我喘不过气来，为什么不放下呢？如果能够全部放下，不是很轻松很自在吗？于是，他丢掉了两个布袋，幡然顿悟，就此得道。

我们应时常肯定自己，尽力发展我们能够发展的东西，剩下的，就安心交给老天。只要尽心尽力，只要积极地朝着更高的目标迈进，我们的心中就会保存一份悠悠自得。从而，也不会再跟自己过不去，责备、怨恨自己了，因为，我们尽力了。即便在生命结束的时候，我们也能问心无愧地说"我已经尽了最大的努力了"，那么，你真正地此生无憾了！

很多时候,为了成功,即使付出再大的代价,人们也在所不惜。然而谁都无法否认,成功的人都是努力的,但努力的人并不一定成功。更何况更多的时候,人们总是把远大理想和欲望膨胀混为一谈。尤其是在如今这个更民主、更自由,充满了更多机遇的时代,面对满树的红苹果,没有人不跃跃欲试,没有人不想把它们一一收入囊中。随之而来的,自然是或欣喜,或抱怨,或抑郁,或失常,或崩溃……所以哲人告诉我们:只摘够得着的苹果。

人生的高度一个又一个,它不是一尺,更不是一丈。不要太贪心,也不要太急促。设置你心目中合适的高度,快乐而充实的奋斗。你不用急着第一个到达,也不要为别人早到一步纠结郁闷,更不要因为别人超越你抓狂绝望。这个世界上不是所有人都比你强,也不是所有人都比你弱,你需要的仅仅是一份心安和平静。

8.感恩一切福佑

世界上最大的悲剧和不幸就是一个人大言不惭地说:“没人给过我任何东西。”

——传喜法师

生命的整体是相互依存的,每一样东西都依赖其他东西。人自从有了自己的生命起,便沉浸在恩惠的海洋里。

传说,有个寺院的住持,给寺院里立下了一个特别的规矩:每到年底,寺里的和尚都要面对住持说两个字。第一年年底,住持问新和尚心里最想说什么，新和尚说："床硬。"第二年年底，住持又问新和尚心里最想说什么，新和尚说："食劣。"第三年年底，新和尚没等住持提问，就说："告辞。"住持望着新和尚的背影自言自语地说："心中有魔，难成正果，可惜！可惜！"

住持说的"魔"，就是新和尚心里没完没了的抱怨。这个新和尚只考虑自己要什么，却从来没有想过别人给过他什么。像新和尚这样的人在现实生活中很多，他们这也看不惯，那也不如意，怨气冲天，牢骚满腹，总觉得别人欠他的，社会欠他的，从来感觉不到别人和社会对他的生活所做的一切。这种人心里只会产生抱怨，不会产生感恩。

两个行走在沙漠中的旅人，已行走多日，在他们口渴难忍的时候，碰见一个吆骆驼的老人，老人给了他们每人半瓷碗水。两个人面对同样的半碗水，一个抱怨水太少，不足以消解他身体的饥渴，抱怨之下竟将半碗水泼掉了；另一个也知道这半碗水不能完全解除身体的饥渴，但他却拥有一种发自心底的感恩，并且怀着这份感恩的心情，喝下了这半碗水。结果，前者因为拒绝这半碗水死在沙漠之中，后者因为喝了这半碗水，终于走出了沙漠。

这个故事告诉人们，对生活怀有一颗感恩之心的人，即使遇上再大的灾难，也能熬过去。感恩者遇上祸，祸也能变成福，而那些常常抱怨生活的人，即使遇上了福，福也会变成祸。

这是一个真实的故事。故事的主人公是贫困山区的一个女孩，她有幸考上重点大学，不幸的是父亲在她进校不久，遇上了车祸身亡，家中无力供她上学，在她准备退学回家时，社会送来了关怀，老师和同学也慷慨捐款捐物。她将大家的赠物，藏在箱子里，舍不得使用。每天打开箱子看看这些赠物，就想到自己周围有那么多的关怀、爱心，心中就不由产生出一种感激之情。这种感激之情又驱使她去战胜困难，顽强拼搏。这个在物质上贫困的女孩，却变成一个精神上的富有者。她心怀感恩，终于读完了大学,并以优异的成绩留学美国。她说:"大家给我的一切,是我的精神财富,永远留在我的心里。我要努力学好本领,回报祖国,回报父老乡亲。"人有了感恩之情,就像这位女孩,生命会时时得到滋润,并时时闪烁纯净的光芒。

一个人只有真正明白了感恩这个道理,就会感恩大自然的福佑,感恩父母的养育,感恩社会的安定,感恩食之香甜,感恩衣之温暖,感恩花草鱼虫,感恩苦难逆境,就连自己的敌人,也不忘感恩。因为真正促使自己成功,使自己变得机智勇敢、豁达大度的,不是优裕和顺境,而是那些常常可以置自己于死地的打击、挫折和对立面。

挪威著名的剧作家易卜生把自己对立面瑞典剧作家斯特林堡的画像放在桌子上,一边写作,一边看着画像,从而激励自己。易卜生说:"他是我的死对头,但我不去伤害他,把他放在桌子上,让他看着我写作。"据说,易卜生在对立面目光的关注下,完成了《社会支柱》、《玩偶之家》等世界戏剧文化中的经典之作。

人有了感恩之心情,人与人、人与自然、人与社会也会变得更加和谐,更加亲切。我们自身也会因为这种感恩心理的存在而变得愉快和健康起来,说它是滋润生命的营养素,一点也不过分。

9.放弃无谓的固执

学会不作茧自缚,就是放下解脱的大智慧。

——鸟巢禅师

在人的一生中，要遇到许许多多的选择，无奈的是往往鱼和熊掌不可兼得。在把握命运的十字关口，审慎地运用你的智慧，做出最正确的判断，放弃无谓的固执，冷静地用开放的心胸去做正确的选择。

一对师徒走在路上，一个徒弟发现前方有一块大石头，他就皱着眉头停在石头前面。

师父问他："为什么不走了？"

徒弟苦着脸说："这块石头挡着我的路，我走不过去了，怎么办？"

师父说："路这么宽，你怎么不会绕过去呢？"

徒弟回答道："不，我不想绕，我就想要从这块石头上迈过去！"

师父："可能做到吗？"

徒弟说："我知道很难，但是我就要迈过去，我就要打倒这块大石头，我要战胜它！"

经过艰难的尝试，徒弟一次又一次地失败了。

最后徒弟很痛苦地说："连这块石头我都不能战胜，我怎么能完成我伟大的理想？"

师父说："你太执著了，对于做不到的事，不要盲目地坚持到底，你要知道有时坚持不如放弃。"

执著过了分，就转变为固执。时刻留意自己执著的意念，是否与成功的法则相抵触；追求成功，并非意味着你必须全盘放弃自己的执著，而来迁就成功法则。你只需在意念上做合理的修正，使之符合成功者的经验及建议，即可走上成功的轻松之道。

一个人理智地放弃他无法实现的梦想，放弃盲目的追求，是人生目标的重新确立，也是自我调整、自我保护的最佳方案。学会放弃，给自己另辟一条新路，往往会柳暗花明。

他是个农民，但他从小的理想是当作家。为此，他一如既往地努力着，10年来，坚持每天写作至少500字。每写完一篇，他都改了又改，精心地加工润色,然后再充满希望地寄往各地的报纸、杂志。遗憾的是,尽管他很用功,可他从来没有一篇文章得以发表,甚至连一封退稿信都没有收到过。

29岁那年,他总算收到了第一封退稿信。那是一位他多年来一直坚持投稿的刊物的编辑寄来的,信里写道:"看得出你是一个很努力的青年,但我不得不遗憾地告诉你,你的知识面过于狭窄,生活经历也显得过于苍白。但我从你多年的来稿中发现,你的钢笔字越来越出色。"

就是这封退稿信,点醒了他的困惑。他意识到,自己不应该对某些事坚持到底。他毅然放弃写作,而练起了钢笔书法,果然长进很快。现在他已是有名的硬笔书法家。

就这样,他让理想转了一个弯,继而柳暗花明,走向了成功。成功之后的他曾向记者感叹:一个人要想成功,理想、勇气、毅力固然重要,但更重要的是,人生路上要懂得舍弃,更要懂得转弯!

如果你以相当的精力长期从事一种事业,但仍旧看不到一点进步、一点成功的希望,那就不必浪费时间了,不要再无谓地消耗自己的力量,而应该再去寻找另一片沃土。目标是一种方向,需要恰当地选择。假如你的一个目标发生了问题,应当马上更换一个目标,这样才能挖掘你自己的潜力。

放弃,并不是让你放弃既定的生活目标、放弃对事业的努力和追求,而是放弃那些已经力所不能及、不现实的生活目标。其实,任何获得都需要付出代价,付出就是一种放弃。人在生活中需要不断作出选择,选择也是一种放弃。

放弃不是退缩和隐藏,而是教你如何在衡量自己的处境后有的放矢,聪明睿智地作出正确的选择。

当人执拗于某一方面,如金钱、名誉、地位或某项工作时,往往会表现出只专注于此,而不考虑其他的情况。什么都想要的人其实经常顾此失彼，甚至什么也得不到。在现实社会中，诱惑实在太多了，在诱惑面前我们只有着眼于大局，把握自己合理的欲望，适当放弃不合理的，对不应得的不存非分之想，才是明智的行为。

两千多年前，鲁国的大臣公仪休，是一嗜鱼如命的人。他被提任宰相以后，鲁国各地有许多人争着给公仪休送鱼。可是，公仪休却正眼不看，并命令管事人员不可接受赠礼。

他的弟弟看到那么多四面八方送来的活鱼都被退了回去，很感可惜，就问他："哥哥你最喜欢吃鱼，现在却一条也不接受，这是为什么？"

公仪休很严肃地对弟弟说："正因为我爱吃鱼，所以才不接受这些人送的鱼。你以为那帮人是喜欢我、爱护我吗？不是。他们喜欢的是宰相手中的权力，希望这个权力能偏袒他们、压制别人，为他们办事。吃了人家的鱼，就要给送鱼的人办事。执法必然有不公正的地方，不公正的事做多了，天长日久哪能瞒得住人？宰相的官位就会被人撤掉。到那时，不管我多想吃鱼，他们也不会给我送来了，我也没有薪俸买鱼了，现在不接受他们的鱼，公公正正地办事，才能长远地吃鱼，靠人不如靠己呀！"

有一次，一个不知名的人偷偷往他家送了一些鱼，他无法退回，就把鱼挂在家门口，直到几天后鱼变得臭不可闻才把它们扔掉。从那以后，再也没有人敢给他送鱼了。

约束自己的得失之心，懂得为自己的所作所为负责，即使在无人知晓的情况下仍能自律的人，在人生道路上就能把握好自己的命运，不会为得失越轨翻车。

放弃，未必就是怯懦无能的表现，未必就是遇难畏惧、临阵脱逃的借口。有时候，放弃恰恰是心灵高度的跨越，是睿智思索的最佳选择。

能够放弃一些东西，是人生的一道风景。有时，放弃就是一种高远的目光，就是一种趋利避害，就是以退为进、弃旧图新。学会放弃，人生就会有一个更新、更高的目标。

第四章

善缘——心地清净方为道,退步原来是向前

1.得饶人处且饶人

> 人多半无法跳出自己错误见解的束缚。一向怀厌恶心、排斥他人和破坏的批评,将会阻碍悟性的修持。
>
> ——圣严法师

"忍一时风平浪静,退一步海阔天空。"这并不是懦弱,也不是忍让,而是宽容。在人际交往过程中,人与人之间的相处总会不可避免地发生一些摩擦,或因观念的冲突,或因秉性的不和。所谓宽容就是在别人和自己意见不一致的时候,也不要去勉强别人。

三国时期的蜀国，在诸葛亮去世后，蒋琬接任宰相的位置主持朝政。他的属下有个叫杨戏的人，甚为蒋琬看重，但是杨戏性格孤僻，讷于言语。蒋琬与他说话，他也是只应不答。于是就有些别有用心的人，在蒋琬面前嘀咕说："杨戏这人对您如此怠慢，太不像话了！"蒋琬坦然一笑，说："人心不同，各如其面，当面顺从而背后非议，这是君子所不为的。杨戏要称赞我，这又不是他的本意，要反驳我，又会表明我的错误，所以沉默不语。这正是他为人坦诚的表现。"后来，有人赞蒋琬"宰相肚里能撑船"。

其实任何的想法都有其来由，任何的动机都有一定的诱因。要想了解对方想法的根源，就得能够设身处地的为对方好好想想。

宽容有时会是一种幸福，那些缺少宽容的人，总是会为了些许的琐碎小事而耿耿于怀，稍不如意，便会拍案而怒，甚至对他人恶语相向。从此让自己陷入了斤斤计较的泥潭，生活变得黯淡无光。

宽容又是一种生活的智慧，有时原谅别人的某些冒犯，并不会让人觉得你软弱，反而能够赢得别人的尊重。这种宽容是一种博大的胸怀，是一种不拘小节的洒脱，也是一种伟大的仁慈。

"人非圣贤，孰能无过"，人与人之间难免有磕磕绊绊。一个斤斤计较、毫无雅量的人是不可能赢得别人信任的。当别人或有意或无意做出了伤害我们的事情的时候，若一定要睚眦必报，要别人加倍偿还的话，恐怕是会大失人心的，这样不懂忍耐，不懂宽容，看上去是报了仇，实际上害的还是我们自己。

春秋五霸之首的齐桓公若是没有容人之量，将管仲杀死，就不会有他后来的霸业；唐太宗若不是有容人之量，就不会有"贞观之治"的盛世，更不会赢得"天可汗"的称号。

推己及人，当我们与别人闹矛盾的时候，站在对方的角度去想，就会多一份理解，矛盾也许就会自然消解；当我们想要伤害、报复别人的时候，站在对方的角度去想，就很有可能会打消这个念头。在能够原谅别人的时候原谅别人，甚至在不能原谅的时候也要原谅别人，这种忍耐之道，才是弥足珍贵的。

唐代有一位高僧受邀参加一场佛事，事后参加一位香客举办的素宴。席间，高僧发现在满桌精致的素食中，有一盘菜里竟然有一块猪肉，高僧的随从徒弟故意用筷子把肉翻出来，打算让主人看到，没想到高僧却立刻用自己的筷子把肉掩盖起来。徒弟没有理会，过了一会儿，徒弟又把猪肉翻出来，高僧再度把肉遮盖起来，并在徒弟的耳畔轻声地说："如果你再把肉翻出来，我就把它吃掉！"徒弟听到后再也不敢把肉翻出来了。

宴后高僧辞别了主人。归途中，徒弟非常不解，他问道："师父，刚才那厨子明明知道我们不吃荤的，为什么把猪肉放到素菜中？徒弟只是要让主人知道，处罚处罚他，谁叫他欺负我们。"

高僧说："每个人都会犯错误，无论是有心的还是无心的。如果让主人看到了菜中的猪肉，盛怒之下他很有可能当众处罚厨师，甚至会把厨师辞退，这都不是我愿意看见的，所以我宁愿把肉吃下去。"

一旦我们不能包容别人，硬碰硬地去处理问题，仇恨的种子就会扎根在心里，随时都有祸患可能降临到自己头上，导致自己陷入危机四伏的境地。只有用包容之心，原谅别人的错误，才能为自己赢得和谐圆融的人际关系。

当我们压制不住心中的怒火，想要采取极端的方式处理问题时，不妨多想一想。得饶人处且饶人是一种宽恕，也是一种博大的胸怀，一种不拘小节的潇洒，一种伟大的仁慈。我们在这纷扰的世界里，要活得潇洒，就必须学会宽容。宽容，将使我们活得更加轻松，更加有意义。

2.佛说原来怨是亲

佛印的心宽遍法界，即心即佛。

——《四十二章经》

"佛说原来怨是亲"，纵使别人怨恨我们，我们都要拿他当自己的亲人，都要感谢他。为什么呢？因为没有他人制造的"磨难"，我们的心就无从提高。

一位老人，为了让儿子们多一些人生历练，便对他的三个儿子说："你们三人出门去，三个月回来，把旅途中最得意的一件事告诉我。我要看你们中哪一个所做的事最让人敬佩。"之后，三个儿子就动身出发了。

三个月以后，三个儿子回来了，老人就问他们每人所做的最得意的事。

长子说："有个人把一袋珠宝存放在我这里，他并不知道有多少颗宝石，假如我拿他几个，他也不知道。等到后来他向我要时，我原封不动地归还了他。"老人听了之后说："这是你应该做的事，若是你暗中拿他几颗，你岂不变成了卑鄙的人？"长子听了，觉得这话不错，便退了下去。

次子接着说："有一天我看见一个小孩落入水里，我救他出来，他的家人要送我厚礼，我没有接受。"老人说："这也是你应该做的事，如果你见死不救，你心里怎能无愧？"次子听了，也没话说。

最小的儿子说："有一天我看见一个病人昏倒在危险的山路上，一个翻身就可能摔死。我走上前一看，竟然是我的宿敌，过去我几次想报复，都没有机会。这回我要制他于死地可以说是不费吹灰之力，但是我不愿意暗地里害他，我把他叫醒，并且把他送回了家。"老人不等他说完，就十分赞赏地说道："你的两个哥哥做的都是符合良心的事，不过你所做的是以德报怨，彰显出良心的光芒，实在是难得。"

做该做的事，仅仅是不昧良心，但做到原来不易做到的事，却显出心胸的宽广仁厚。常人要想成就一番事业，都得经过九九八十一难，更何况我们追求的心灵修行？你若能悟，就能把加害、诽谤你的人当作亲人。

学会宽恕别人的过错，就是学会善待自己。仇恨只能永远让你的心灵生活在黑暗之中；而宽恕却能让你的心灵获得自由，获得解放。宽恕别人的过错，可以让你的生活更轻松愉快。

佛经中有句话说："佛印的心宽遍法界，即心即佛。"这句话是号召僧众要懂得宽恕，这样才能具有佛心，求得佛果。关于宽恕，有位作家说："当一只脚踏在紫罗兰的花瓣上时，它却将香味留在了那只脚上。"

以德报怨，化敌为友，这才是你应该对那些终日想要让你难堪的人所能采取的上上策。

当你的心灵为自己选择了宽恕别人过错的时候，你便获得了一定的自由。因为你已经放下了责怪和怨恨的包袱，无论是面对朋友还是仇人，你都能够报以甜美的微笑。佛法中常讲究缘分，在众生当中，两个人能够相遇、相识，那便是缘分。当你因为仇恨而与别人相识，不可否认的是，在你的心里已经牢牢记住了对方的名字，如果你因为整天想着如何去报复对方而心事重重，内心极端压抑，那么倒不如放下仇恨，宽恕对方。或许，因此你可以多一个可以谈心的好朋友。

我们再恨的人，如果有一天能找回自己的本心，踏上修行之路，他所做的一切坏事，都会如同裤脚上的泥土一样，抖一抖就全掉了。如果他真的能为自己的错付出足够代价，老天都原谅了他，我们又有什么可以责怪他的呢？

以德报怨，充满爱的精神，我们才能找到心灵的家园。

3.人无私心便成佛

当你用平等心行使于世间，德行即随之而来。佛魔体同，而最大的魔就是心不平等。心起还同心灭，学佛要进入空观，一切法平等，不生不灭。

——《白话百喻经故事》

如果别人没有好好地对待你，那么最有效的方式是：从自己方面找原因，你有没有做一个公正的人？

《白话百喻经故事》上说，古时候的印度，人们拜神时，一般都杀动物当作祭品。他们认为这些祭品，可令神祇喜悦。于是神祇就答应人们的祈求，赐他们钱财，给他们的田地雨水。

佛陀无论到什么地方去，都告诉人们说，以这样的行为牺牲动物是错误的。有些人听他这么说，就对佛陀发脾气说："据我们的经验，杀动物来拜神，没有什么不对，你竟敢持不同的意见？"

佛陀回答："损人利己是不对的，使人不快乐而使自己快乐是不对的。这是因为每个众生都想活命，就像你一样。因此，你若杀一只动物当祭祀品来拜神，你是个自私的人。我一再教人：自私的人不会有幸福。不但如此，神祇在帮助你之前，先要动物的血，那定不是仁慈的神祇，这种神就不值得拜。但，假如你对众生慈爱，动物和人一样平等无分别，神就会崇拜你！"

很多人听了佛陀的智慧良言，知道佛陀的话很对。于是很多不幸的事被阻止了。

有一天，提婆达多生病。很多医生来治病，但不能把他医好。身为他的堂兄弟，佛陀亲自来探望他。

佛陀的一个弟子问他："您为什么要帮助提婆达多？他屡次害你，甚至要把你杀死！"

佛陀回答说："对某些人友善，却把其他人当做敌人，这不合乎道理。众生平等，每个人都想幸福快乐，没有人喜欢生病和悲惨。因此我们必须对每一个人都慈悲。"

于是佛陀靠近提婆达多的病床，说："我如果真正爱始终要害我的堂兄弟提婆达多，就像爱我的独生子罗侯罗的话，我堂兄弟的病，立刻会治好。"不多久，提婆达多的病竟立刻消失了，并慢慢地恢复了健康。

佛陀转向他徒弟说："记住，佛对待众生是平等的。"

除去私心，让心灵的天空升起一轮慈悲的太阳。忘掉猜疑，忘掉嫉妒，忘掉仇恨，留下的是菩提花果。把他人的成功视为自己的胜利，你将永远不会失败；把他人的快乐当作自己的幸福，你将永远没有痛苦。原谅他人的错误，你会赢得更多的菩提。心，总是因为有宽容，才有了清净。

"人无私心便成佛"。无私是伟大的，一切自私的行为在它的面前都会无地自容地退缩。无私是纯洁的，能化解委屈冰冻的心灵，让整个世界充满暖融融的爱意。无私是真诚的，如果你肯这样对待他人，也会得到他人同样的回报。佛全是为众生，没有一点私心，所以他对于一切人、事、物都看得很清楚。

私心是心灵的包袱，是人性的原始背叛。勇敢地抛弃它，你会感到一身的轻松、一生的宽容。只有除去私心，你才会有真正的潇洒人生，一切烦恼自然就会烟消云散。

人，无论是谁，都会有私心，这是人天性中的缺陷，但这种缺陷，并不是无药可救的。我们应该懂得，仁爱应摒却私心，自己对别人的态度，就是别人对自己的态度，善与爱无法共享的世界必是一片黑暗。

生命不是用来自私的，一个自私的人注定会伤害到自己，而一个乐于助人的人，反而会从别人那里得到好处。把自私从你的心里赶走，你的心中就会充满光明。

假如别人不喜欢自己，那么请不要去强迫别人喜欢，只有把自己变得更加完美，才能得到他们的青睐；如果不能说服别人，那么请不要去埋怨对方的固执己见，只有把自己的口才发挥得更好一些，才能够得到他们的认可；如果顾客对产品不满意，那么请不要责备顾客过于挑剔，将自己的产品再进行完善，才能得到他们的承认。

4.临事须为别人想，论人先将自己想

> 魔的标志就是"我对"，世间不少的错误和罪恶就是在"我对"的情况下产生的，在不知不觉中犯下的。
>
> ——延参法师

弘一法师说："临事须为别人想，论人先将自己想。"我们遇到事情时，不能只考虑自己的利益，而不考虑别人的利益，从而做出损人利己的事情。为人处世要"有所为，有所不为"。一件事情到底该不该做，我们不能以是否对自己有利为标准来判断，也应该考虑到他人的利益。

有一个盲人走路的时候总是提着一盏灯，人们很不解，就问他："你什么也看不见，干什么还要提着一盏灯呢？"盲人笑笑说："我虽然看不见，但是别人看得见啊！我为别人照亮了路，也可以减少别人撞到自己的机会啊。"

与人方便，与己方便。人不能只为自己着想，为别人点亮一盏灯，同样也会照亮自己的路。

我们每个人都可以在为自己照明的同时让他人看见光明，尽管表面上看来我们并不需要这么做。为他人照亮道路并不是一件容易的事，许多时候我们不但没有为他人带来光明，反而用自私、无情、仇恨和怨恨使别人的路变得更加黑暗。如果所有的人都能为他人带来光明，如果所有的人都点亮一盏灯，那么整个世界将充满光明！

"赠人玫瑰，手留余香"，生活在这个世上，我们要学会为他人点亮一盏灯。然而，当人们不再那么需求彼此的时候，就开始变得自私自利，只想着为自己做事。这就在人与人之间造成了深深的裂痕。人们在遵循丛林法则，互相拼斗，闹个至死方休的时候，却没有意识到，这会让人类走向灭亡。只有学会为他人点亮一盏灯，做事多为他人考虑，人与人之间才能重新建立相互信赖、互相扶持的关系，只有这样，人们才能创造更多的财富，才能各取所需。若是我们每个人都想着索取，而不愿意付出，那么其结果就是谁也无法得到。

有一天，驴子随主人外出，结伴同行的是主人的狗。驴子外表神态庄重，但头脑却是空空一片，不想事情。半路上，主人因休息睡着了，驴子就趁机大嚼大啃青草，这块草地的草特合它的胃口，驴子吃得还算满意。

这时狗见驴子大嚼青草，感到腹中饥饿，就对驴说："亲爱的伙伴，我求你趴下身子来，我想吃面包篮里的食品。"但狗没有听到一点回答，驴子只顾埋头吃草，怕浪费了这大好时光，影响进餐。

驴子装聋作哑好一阵子，总算开口回了话："朋友，我还是劝你等等看，待主人睡醒后会给你一份应得的饭，他不会睡得太久的。"

就在这时，一只饿极了的狼从村庄里跑了出来，驴子马上叫狗来驱赶，这时候狗可不愿动，还回敬道："朋友，我劝你还是快跑吧，等主人醒了再回来。他不会让你等多久的，赶快跑吧！假如狼追上了你，你就用主人新给你装上的蹄子狠劲地踢，踢碎它的下巴……"

就在狗还在说这些风凉话的时候，狼已经把驴子咬死，再也活不过来了。

许多人活一辈子都不会想到，自己在帮助别人时，其实就等于帮助自己。因为一个人在帮助别人时，无形之中就已经投资了感情，别人对于你的帮助会永远记在心里。

秋天到了，到了丰收的季节，山里的果树每一棵都结满了果实。一只小刺猬在山里漫步，它走了很长时间，于是在一棵苹果树下休息。望着苹果树上又红又大的苹果，小刺猬垂涎三尺，但是它却够不到，只能吃那些掉落在树下的坏苹果。小刺猬心里很不是滋味，它真的想尝尝新鲜的苹果是什么滋味。

这个时候，一只山羊走了过来，它看见小刺猬在怔怔地发呆，于是就问："你在这干什么呢？"刺猬说："我在想怎么能够够到树上新鲜的苹果。"山羊听了它的话之后想："我也非常想吃苹果，但是如果我用角把苹果顶下来，还是会在地上摔坏的，该怎么办呢？"它们两个望着苹果树一起发起了呆。

过了一会，小刺猬突然说："我有办法了，你用你的角把苹果顶下来，我在下面接着不就行了。"山羊一听这是一个好办法。于是它们俩就动起手来。结果它们两个都尝到了新鲜水果的滋味。

如果我们愿意主动分一杯羹给别人，那么我们也可以喝到；如果我们不愿意，那么势必会因为争夺而将羹翻倒在地。如果人人都在争夺一件东西，那么这件东西注定谁也得不到。得与失的界限没有那么明显，我们在这里失去了，肯定会在其他地方找回来。

人的美德莫过于在自己通过一扇门之后，主动将门打开，让其他人也进来。如果我们存有私心，将大门关闭，将其他所有的人都挡在门外，那么我们会发现门内的路崎岖难行，没有别人的帮助，自己根本无法行进。

而当我们想要转身退出的时候，我们会发现，大门已经被别人在外面锁上。人与人之间只有相互帮助，人生道路才能走得更顺畅。

5.乐道人善，学会欣赏别人的长处

喜闻人过，不若喜闻己过；乐道己善，何如乐道人善。

——弘一法师

世界上没有完美的事物，也没有完美的人，每个人都有长处和短处。如果只盯着别人的短处看，只会越看越一无是处。学会欣赏别人的长处，包容别人的短处，离成功就不远了。

有一只羊和一只骆驼是好朋友，它们一个高，一个矮。

有一天它们一起去公园里玩，说着说着就谈起高好还是矮好的问题。

骆驼说："当然是高好，你看，再高的树叶我也能够得着。"说完，它一抬头就吃了一口树叶，羊伸长脖子却怎么也够不到一片树叶。

羊不服气，走到公园的一个栅栏门口，羊一拱身子就进去了，一边吃起里面的青草一边说："还是矮好吧，你看，这里的草多嫩啊。"骆驼趴下身子，使劲往里钻，也没能够吃到里面的青草。它们互相不服气，后来一起找到了老牛评理。

老牛说："高有高的好处，矮有矮的好处，我们不能只看到自己的长处，看不到别人的优点。"羊和骆驼这才明白，尺有所短，寸有所长，发现别人的长处、优点，才能取长补短，做好事情。

一个善于欣赏别人长处的人，会不知不觉地成为一个胸怀宽广的人，成为一个好学上进的人，成为一个热忱友善的人，成为一个受人欢迎拥有许多朋友的人。要多欣赏别人的长处，少指责别人的不足，要学会用别人的长处来弥补自己的短处。

要真诚地去观察身边每个人的长处，和大家在一起的时候，观察到这些长处后要去欣赏对方。从社会心理学的原则上来说，你喜欢、欣赏别人，别人才会反过来欣赏你、接受你，但前提是你要用真诚的眼光去观察别人。只有学会欣赏别人的长处，才能与别人友好相处。

有人曾问美国著名的钢铁大王卡耐基，如何与那些有缺点的人相处。卡耐基回答："很简单，只需盯住他们的优点，并努力忘却他们的缺点。"

有人不理解，卡耐基又形象地说："与人相处，就像挖金子。如果你想要挖出一盎司的金子，就要挖出成吨的沙子。可是你在挖掘的时候，你关注的焦点是什么？你只是想得到一盎司的金子，并不想要那成吨成吨的沙子，但你不能嫌弃这些沙子，因为金子就藏在其中。同样道理，与人相处，是为了从别人那里学到一些东西，如果你想要在人和事身上寻找缺点和错误，你会极其容易地找到许多，喜欢挑剔的人，即使在天堂里也能随时找到毛病。你必须清楚，你要寻找的是什么。"

一个穷困潦倒的青年流浪到巴黎，他期望父亲的朋友能帮助自己找到一份谋生的差事。

"数学精通吗？"父亲的朋友问他。青年摇摇头。"历史、地理怎样？"青年还是摇摇头。"那法律呢？"青年窘迫地垂下头。

父亲的朋友接连发问，青年只能摇头告诉对方……自己连丝毫的优点也找不出来。"那你先把住址写下来吧。"

青年写下了自己的住址，转身要走，却被父亲的朋友一把拉住了："你的名字写得很漂亮嘛，这就是你的优点啊，你不该只满足找一份糊口的工作。"

数年后，青年果然写出享誉世界的经典作品。他就是家喻户晓的18世纪法国著名作家大仲马。

欣赏别人的长处是免费的，但它却价值连城：可以点燃他人的梦想，会让他人发现一个全新的自己，被欣赏者会产生自尊之心，奋进之力，向上之志。学会用一双发现美的眼光，去挖掘别人的长处和优点，并加以赞赏。

学会欣赏别人的长处，你发现每个人都有可爱的地方；学会用欣赏的目光遥望世界，你会发现许多突然的美好。学会欣赏别人的长处，会使我们的胸襟更加博大，生命中也会出现更多的美丽与惊喜。

6.众生都是我们的榜样

傲慢其实是我们求知路上最大的障碍。因为傲慢我们看不见别人的长处，因为傲慢我们看不见自己的短处，因为傲慢我们不屑于向别人学习，因此，我们也就无法进步了。

——弘一法师

古人说过："马看不见自己的脸长，羊看不见自己的角弯。"意思也就是说有些人总是看不到自己的缺点，总是拿自己的长处比别人的短处，沉浸在自我构建的虚妄世界里自我陶醉而无法清醒。

弘一法师说："众生都是我们的榜样，世界就像是一面镜子，可以照出我们最原始的模样。而这面镜子能帮助我们时刻检讨自己，认真看待自己。重要的是，我们通过照镜子，能够拥有一颗开放的心，能够聆听到更多的声音。若是我们常常将心封闭起来，懂得再多的道理也是无用的，因为心是闭塞的，你就无法领悟真理，而真理在日常生活中最易得到。"

一位得道高僧曾在禅师处参学，他是个极为聪慧伶俐的人，禅师很喜欢他，没过多久就选他做了自己的侍者。

这天，高僧路过禅师的禅房时，忽然听到禅师喊了自己一声："远侍者！"

他连忙走进禅房，听到禅师问他："是什么？"

高僧不知道禅师的意思，觉得纳闷，冥思苦想，不知道禅师为什么问这句话。

此后，高僧总能听到禅师对他喊道"远侍者"，他刚答应一声，禅师就会问他："是什么？"

十八年之后，高僧终于有所领悟了。

某一天，高僧决定向禅师辞行，去其他的丛林古刹进行参学。这时禅师对他说："现在，请你回答我一个问题，如果你能回答得出，就可以走了。"

高僧说："请禅师发问吧！"

禅师问他："佛经上有云'光含万象'，你可知道这句话是什么意思？"

高僧想了想，正想与禅师讨论一番，禅师制止他说："我看，你还是再住些日子吧。"言下之意，是觉得他的修行还不够。

高僧便又住了三年，终于在禅师的指点下得悟大道，此后返到家乡的寺庙住下，造福一方，这一住就是四十年，直到他八十多岁。

某天，他向徒弟辞行说："老僧云游去也！"

他的徒弟吃惊地问："师父，您已经八十岁了，云游还能到哪里去呢？"

高僧笑道："大善知识来去自由，你还……不懂。"又在禅房对众人说："老僧历经四十年方才打成了一片啊。"说完便圆寂了。

所谓看得到与看不到，听得到与听不到，都不是三言两语可以说清的，佛经上所言皆是真言，但要真正得悟大道，却不是一朝一夕的修炼可以办得到的。

殊不知,众生有多么广阔,万籁声音有多么深远,想要在片刻之间领悟高深的佛法真谛,寻找捷径是不行的,一切顿悟都是从最初的聆听开始的,聆听的心思不静、不沉,听到的声音便只能停留在表象,不能深入到我们的心里,形成充沛的人生养料。

弘一法师主张"观天地生物气象"是将他自身的体悟融汇在了佛经之中,我们在生活中能看到的日月更迭、四季变化都是自然规律,也是参悟佛法最初的起点。万物都有它们的表象与内在的本质,有时就是要从简单平凡的事物表象中,体会到其内在蕴涵的深刻道理,从而更好地把握我们面对他人的态度、行为。

通过聆听与省悟,来学习圣贤对于万事万物的慈心、气度,需要达成的是一个循序渐进的过程。这个过程没有固定的时间或期限,全看个人修行与悟性,当然我们首先要做的就是把心打开,这一点看似容易却是最为困难。正所谓"一叶障目,不见泰山",很多人眼睛虽然没有被遮住,但心却被蒙蔽了,不懂省察自己,看不到自己的不足之处,也难以发现他人的优点与长处。永远将自己困在那一方小世界中,看不到外面的天地有多大。

"大善知识来去自由"是潜藏在我们身边的大智慧,只要心敞开了,对众生敞开了,对万事万物敞开了,你能聆听与学习的渠道也就多了,不一定需要走到很远的地方,即使坐在原地,即使每日看着窗外的树叶与落日,也能有所体悟。

7.有罪当忏悔，忏悔则安乐

即须常常自己省察，所有一言一动，为善欤，为恶欤？若为恶者，即当痛改。

——弘一法师

有句话说得好：修行很重要的是忏悔改过，人非圣贤，孰能无过，过而能改，善莫大焉！佛家认为一个人在前世或今生中，都做过一些错事或犯过种种罪恶，为了减轻及消除修道的障碍，要在佛前承认自己的错误。

忏悔对生活有现实的意义，承认自己的错误，知道偷盗、邪淫、杀生是罪恶，对人生是有害的，一心发愿改过。有的人通过忏悔，唤醒自己的良知，重新做人。即是佛所说的"放下屠刀，立地成佛"、"苦海无边，回头是岸"。

秋去冬来，不知不觉又到了岁末。佛陀让弟子们在祇园精舍的庭园中竖起一根大铁柱。弟子们虽然不明白佛陀的用意，但还是照办了。

在新年的前夜，佛陀叫来阿难，请他先去沐浴，然后换上一件新袈裟。等阿难梳洗完后，穿着新装再次来到佛陀面前时，佛陀慈爱地对阿难说："阿难！我要请你帮我做一件很重要的事。"

阿难急忙问："世尊，您要我帮您做什么事？"

佛陀微微一笑，指着那根竖立在不远处的铁柱对阿难说："你去敲一敲那根铁柱，一定要用力地敲、使劲地敲。"

阿难点头答应后就匆忙走到那根铁柱旁，他拾起地上一块坚硬的石头，对着那根铁柱先试着比划几下，随后用力敲了一下。

猛然间,那根铁柱发出极响亮的声音,这声音几乎传递整个舍卫国,连地狱里的饿鬼和畜生道的畜生们也都听见了。更奇怪的是,大家听到这声音后,所有的痛苦、烦恼都消失了。无论罪人、饿鬼或畜生都不再有痛苦和烦恼。这些是阿难在敲击铁柱前并没有想到的,事实上,连阿难自己也被声音震撼了。

这声音将在僧房中休息的比丘们召唤出来,他们都汇聚到讲经堂。

佛陀对他们说:"众位弟子,明天就开始新的一年,大家都学习一年的佛法了。现在你们应该反省一下自身,我也同样需要反省。你们两人一组,各自向对方检讨自己的过失,并要对自己所犯的过失做出忏悔,使自己的身心清净不染杂念。"

所有弟子都遵从佛陀的吩咐,两人一组,认真检讨自身,忏悔后重新回到自己的座位上。

这时候,佛陀慢慢从自己的座位上站起来,开口说道:"刚才你们大家都检讨了自身,并为自己的过失做了忏悔。我刚才说过,我也同样需要反省。"

佛陀停了一下,又再接着说:"其实我没有做错任何一件事,也没有任何过失,但是为了训诫你们,我也要做出反省,检讨自身。"紧接着,佛陀向大家做了忏悔,随后才又坐了下来。

弟子们一见佛陀没有任何过失,也检讨了自身,觉得自己还反省得不够,于是都学着佛陀的样子向所有在座的弟子们做了忏悔。

这一天中,有一万个比丘感受到佛义,消除了一切杂念,另有八千比丘修成了阿罗汉。

忏悔不但是一种勇气,更是认识罪业的良心,是去恶向善的方法,是净化身心的力量。忏悔,不仅是流露自己内心的歉疚和羞愧,更是展示生命的纯洁与无染。把尘埃与虚饰一同拂去,恢复一个"本真"的自己。

佛陀说:"有罪当忏悔,忏悔则安乐。"曾子也说:"吾日三省吾身。"

所以我们首先要承认自己不是一个完美的人，我们的人生是一种有"缺陷"的人生；其次，能够真正反思自己、反省自己，能够在日常生活里保持一颗警觉的心，改正自己的错误，和那灰色的过去说"永别"，不会重蹈覆辙。

人，是很容易犯错误的，关键在于我们能不能正视自己的错误与过失。理性地分析自己的过错，在我们的内心世界里，能够真正明白什么是对的，什么是不应该做的。最后，我们能够勇敢地承认错误，改正错误，安安心心地走在明天里，能够过着无悔的人生。

以前，有一个负责地方钱粮征收的官吏叫赵玄坛，他为人歹毒，每到一户人家，就要该户杀鸡给他吃，不然，就要多收钱粮，并拳脚相加，百姓对他敢怒不敢言。

一天，他来到一户人家，要求杀鸡给他吃，可是该户人家只有一只母鸡带一窝小鸡，他认为母鸡无法吃，也只好作罢。

这户人家就煮竹笋给他吃，竹笋下锅的时候，母鸡飞上风炉，将锅打翻，赵玄坛想吃笋也不成，母鸡也被火烧去了许多鸡毛。赵玄坛非常纳闷，问主人家笋从哪弄来的。主人家带他来到挖笋的竹林，找到了出笋的地方，只见一条蕲蛇(本地最毒之蛇)盘在原处。他当即泪雨如飞，对天而跪，仰叹道："天要亡我，又何救我！"原来，老天派出蕲蛇来咬竹笋，喷上毒液，欲置他于死地，可母鸡不计前嫌，大仁大义，奋不顾身，救了他一命。

从此以后，他辞去了钱粮官一职，决心遁入空门，修心为善。他来到一个小庵，庵中有一老和尚，非常清贫，对徒弟也非常严格，规定需七天才烧一次饭，七天只能吃一餐，赵玄坛就这样跟着师傅度过了二十一年，严守清规，替周围的村民做了不少好事。

一天早上，到了做饭的日子，由于多日未生火，已无火种，他只好去借火种。来到方山岭村，由于多日未吃饭，村民看到赵玄坛师傅身体虚弱，便给了他一团糯米饭，并借给了他火种，让他回庙里去。但他首先想到老和尚已多日未吃，快要饿死了，就快步返回，当他在近庵处，忽然见一只老虎扑面而来。他平静地对老虎说："畜生，汝若食我即张嘴，待将饭食与了师傅，自会钻入汝之大口。"虎摇头，又说："畜生，汝若作我之座骑即伏，待将饭食与了师傅，即来骑。"当即，虎伏下，点头。赵玄坛师傅快速将糯米饭给了师傅，并生了火，来到老虎身边，骑上了老虎。顿时，雾气腾升，光芒四射，老虎腾空而起，升入天空，尔后，不见踪影。其师傅来到门外，对着天空说："阿弥陀佛！终于度你成佛了。"

"放下屠刀，立地成佛"、"苦海无边，回头是岸"……这些佛教用语说明：一个人犯了错误并不可怕，只要其真心悔改，仍然是好事。人非圣贤，孰能无过。有了过错，正确的态度应该像弘一法师指出的"过要细心检点"。孔子也说："过则勿惮改。"

一个有道德的人，不怕公开承认自己的错误，因为他有公开改正自己错误的勇气。这不仅不会降低自己的威信，反而会提高威信，赢得人们的爱戴。

一个人能认识到自己的错误，只要能决心改正过来，他心中还是有善的存在的。人不怕犯错，就怕不改，一个冥顽不灵、知错不改的人，永远受人们唾弃。一个改正自己错误的人，能减少内心的煎熬与烦恼，从而内心平静，于身心都有益处。

8.不知道怎么做时，就以善良的发心去做

一个人做了心安理得的事，就是得到了最大的酬报。一事不可放过；一念不可放过；一时不可放过。

——无德禅师

迷惑时怎么判断下一步呢？佛家教给我们一个非常重要的行为准则：止于至善。就是说，自己要判断一下，我们在做的这件事究竟有什么意义，目的是不是纯善，方法是不是合乎人道。如果我们以善良的心做事，就一定能判断出这些行为的后果。

也就是我们在迷惑的时候，一切都要从好的方面去想，不知道该怎么做的时候要从好的方面去做，这是能够引导我们做对事情的方式。

孟子见齐宣王，孟子给齐宣王讲王道。

孟子说："你有一次坐在庙堂上面，有一个人牵了一头牛经过下面，被你看见了，问他把牛牵到哪里去。他告诉你是牵去杀了取血涂钟（古代铸钟要用畜牲的血去涂祭）。然后你就命令把那头牛放了，你说看到那头牛发抖的样子，像一个没有犯罪而被送去杀头的人，十分可怜，实在不忍心杀他。于是那个牵牛的人向你请示，是不是新铸的钟不必再涂牲血了。当时你又说，这怎么可以不涂血呢？另外换一只羊好了。"

齐宣王说："我正是因为不忍心看那头牛被杀的样子，所以才换成羊。"

孟子接着说："可是羊同样是一个生命啊，一只羊和一头牛有什么区别呢？"

齐宣王顿时很困惑，他说："是啊，先生，这该怎么办呢？羊也死了啊。"

孟子说道："当时你只看到牛发抖，没有看到羊流泪。你作为一个君子，

只愿意看到禽兽活生生的样子,不忍心看到它被杀的惨状。如果听到它们被杀的惨叫声,就不忍吃他的肉了。君子远离庖厨,有了这种善就是王道。"

在历史上,有不少帝王圣贤,如尧、舜、禹、汤、文王、武王、周公、孔子,乃至于齐桓公、晋文公这些人,他们在思想上、功业上,之所以能够大大地超越别人,使他人望尘莫及,并没有什么其他特别的本领,他们不过善于推广他们的仁心,用善对待每一个人。"

刘备临死前曾告诫他的儿子刘禅,要"勿以恶小而为之,勿以善小而不为"。这是流传千载的至理名言,对帮助人们立身处世十分重要。

有一次,弘一法师到丰子恺家。丰子恺请他藤椅里就座。他先把藤椅轻轻摇了摇,然后才慢慢地坐下去。他每次都如此,丰子恺很疑惑,就问他原因。弘一法师回答说:"这椅子里,两根藤之间,也许有小虫伏着。突然坐下去,会把它们压死,所以先摇动一下,慢慢地坐下去,好让它们逃走。"弘一法师的这种慈悲真可谓"至善",有如此心境,令人动容。

"善"就是佛家所讲的"慈悲",它是一种行为准则,也是一种心中的境界,把这种观念放在心中能够让我们在生活里更好地为他人服务,更好地让自己的慈悲与善开花结果,生活得更加幸福。"至善"这两个字能够帮助我们做出最有人情味的判断。

9.修好自己的口业

言谈悦人心,是为最吉祥。

——《吉祥经》

每个人都有着自己既定的立场，也因此而习惯于执著在本身的领域当中，忘却了别人也和自己一样，有着他自己特殊的一面，永远不要用自己的思维去审视别人，更不要用我们的想法去评价别人。

《伊索寓言》中有句名言："世界上最好的东西是舌头，最坏的东西还是舌头。"中国还有句谚语："背后骂我的人怕我；当面夸我的人看不起我。"因此，人要懂得"祸从口出"的道理，管住自己的舌头。

范雎在卫国见到秦王，尽管秦王求教再三，他都沉默不语；诸葛亮在荆州，刘琦也是多次请教，诸葛亮同样再三不肯指点。最后到了偏僻的一座阁楼上，上了楼梯，范雎和诸葛亮才分别对秦王和刘琦指明今后方向，所以历史上的"去梯言"，就表示慎言的意思。

艾子发高烧，梦游阴曹地府，正见阎罗王升堂问事。有几个鬼抬上一个人，说："这人在阳世，干尽了缺德事。"

阎王命令道："用100亿万斤柴火烧煮。"马面鬼上来押解。

那人私下里探头问马面："你既然主管牢狱，为何穿着这么破烂的豹皮裤子呀？"

马面说："阴间没有豹皮，如果阳间有人焚化才能得到。"

那人立即说："我姑姑家专门打猎，这种皮子多着呢。如果你肯怜悯我，减少些柴火，我能够活着回去，定为你焚化10张豹皮。"

马面大喜，答应减去"亿万"两字，煮烧时也只是形式而已。

待那人将归时，马面叮嘱道："可千万不要忘了给我焚化豹皮呀！"

那人回头对马面说："我有一诗要赠送给你：马面狱主要知闻，权在阎王不在君。减扣官柴犹自可，更求枉法豹子皮。"

马面大怒，把他又投入滚沸的水锅里，并加添更多的柴火煮了起来。

艾子醒后，对他的徒弟们说："必须相信口是祸之门啊！"

由此我们知道，一个理智成熟的人知道什么话该说，什么话不该说；有些话，什么时候该说，什么时候不该说。

嘴巴,可以是吐放剧毒的蝎子,令人生畏远避,也可以像柔软香洁的花蕊,散发清香和喜悦,为人间带来翩翩的彩蝶。《吉祥经》就说:"言谈悦人心,是为最吉祥。"为我们的嘴巴洒几滴馨香的甘露吧,让它行列井然,终日吟咏快乐,生活在美妙的欢乐园中。

TIPS:心理测试:你的宽容度是多少?

宽容是指对他人的利益、信仰、行为习惯及不同于自己或传统的观念持一种仁慈谅解的态度。宽容的反面是怀恨,它会造成人的内心冲突和思想压力。下面有个简单的测验可以帮助你确定自己是否属于一个容易记仇的人。做法是:请根据实际情况,选择"经常"、"有时"和"很少"这三个答案中的一个填入每题后的括号内,并根据得分进行分析。

1.你是否一想起很久以前感情上的伤害就忿忿不平?　　　　　　(　　)

2.你是否嘲笑或贬低与你意见不一致的人?　　　　　　　　　　(　　)

3.你是否特别留意别人是支持你还是反对你?　　　　　　　　　(　　)

4.你是否因为一点头痛、腰痛、脖子痛以及身体其他部位的无关紧要的疼痛就痛苦不安?　　　　　　　　　　　　　　　　　　　(　　)

5.晚上躺在床上你是否会回想白天与人发生争执的情景?　　　　(　　)

6.同学是否指责你过分敏感?　　　　　　　　　　　　　　　　(　　)

7.你是否认为有必要对伤害你的人进行报复?　　　　　　　　　(　　)

8.你能原谅对你态度很坏的人吗?　　　　　　　　　　　　　　(　　)

9.你是否感到你在家里或学习上所付出的努力没有得到应有的回报?　　　　　　　　　　　　　　　　　　　　　　　　　　(　　)

[答案及说明]

选择"经常"的得3分,选择"有时"的得2分,选择"很少"的得1分。

得9~15分,说明你是一个特别宽宏大量的人,很少因为感情上受到的伤害而烦恼。由于你宽宏大量的性格，使你很乐于与朋友友好相处。

得16~21分，表明你既不是一个特别宽宏大量的人也不是一个容易记仇者，当你发现自己滋生了有害的情绪时，你通常可以在它爆发之前就克服它，使你不至于沉缅于无法解脱的沮丧和怀恨的情绪之中。

得22~27分，那么你可能是一个容易记仇的人，采取不公正的态度是你烦恼的根源。你要学会原谅别人，否则你的身心健康将受到损害。

要使自己成为一个宽宏大量的人，请记住以下几点：

(1)想一想你和现在记恨的那个人在一起的愉快时刻，回忆一下他过去曾经对你的帮助，这将有助于你下决心消除你们之间的隔阂。

(2)别忘了当你做错事的时候，别人给你改正的机会，你也要尽量像别人那样宽以待人。

(3)认识到怀恨只能对自己有害，原谅他人和忘记怨恨，将会使你愉快起来。

(4)冷静地对待你记恨的人，他也许不是有意的，如果你以平静、和缓的态度处理你们之间的矛盾，问题是很可能得到解决的。

第五章

喜缘——以欢喜的心想欢喜的事

1.厌恶苦,并无法驱走苦

没有经历过挫折的人,不能算是真正活过。不要诅咒脚下的污泥,因为它能提醒你走路小心。风雨带给人灾难与毁灭,但也带给人重新整建的契机。

——弘一法师

弘一法师介绍佛学时说:"这个世界上充满缺憾,甚多苦难,而人与一切众生,不但能忍受其缺憾与许多的苦难,而且仍有很多的人们,孜孜向善,所以值得赞叹,如果世界上没有缺憾与苦难,自然分不出善恶,根本也无善恶可言，那应该是自然的完全为善，那就无可厚非，无所称赞了。"

大哲学家尼采说过："受苦的人，没有悲观的权利。"已经受苦了，为什么还要被剥夺悲观的权利呢？因为受苦的人，必须克服困境，悲伤和哭泣只能加重伤痛，所以不但不能悲观，而且要比别人更积极。

任何一条通向成功的道路都不会是一帆风顺、平平坦坦的，都或多或少地存在些曲折，人们在一次又一次的跌倒之后才能找到成功的出路。

生活中，每个人都会面临失败的考验。成功者也会失败，但他们之所以是成功者，就在于他们失败了以后，不是为失败而哭泣流泪，而是从失败中总结教训，并勇敢地站起来，再接再厉。

可失败者则不然，他们失败之后，不是积极地从失败中总结教训，而是一蹶不振，始终生活在失败的阴影里。他们可能也会总结，但他们的总结只限于曾经失败的事情。"我当初要是不那么做就好了"，"开始我要是如何做就不会失败了"，或会找出种种借口为自己的过错去开脱责任。

如果你只是一味地自责、懊恼，活在失败的阴影里，实际上只会徒劳伤神、于事无补。

英国生理学家谢灵顿年轻时曾不务正业，人们称他"坏种"。开始，他并不以为耻，毫无悔过之心。可是有一次，他向一位他深深爱慕的女孩求婚时，那女孩儿说："我宁愿投河淹死，也绝不嫁给你！"

谢灵顿因此无地自容，羞愧万分，但他从此幡然悔悟。他发誓："将要以辉煌的成就出现在人们面前。"于是，他怀着发愤的志向，悄悄离开了那位姑娘。由于他刻苦钻研，在中枢神经系统生理学方面硕果累累，先后在英国多所名牌大学任教授，并于1932年获诺贝尔生理学、医学奖。

现实生活中，成功的人，不一定是智商很高的人，而是在犯错误之后能认识自己的错误，并积极地抓住机遇，去开拓属于自己的目标的人。成功和失败之间，往往只有一纸之隔。如果你能正确地认识到自己的不足，并加以改正，最后的胜利就一定会属于你。

　　大部分人在一生中都不会一帆风顺，难免会遭受挫折和不幸，但是成功者和失败者非常重要的一个区别就是：失败者总是把挫折当成失败，因而每次挫折都会动摇他胜利的信念；成功者则从不言败，在一次又一次的挫折面前，他总是对自己说："我不是失败了，而是还没有成功。"一个暂时失利的人，如果继续努力，打算赢回来，那么他今天的失利，就不是真正的失败。相反地，如果他失去了再战斗的勇气，那就是真的输了！

　　美国著名电台广播员莎莉·拉菲尔在她30年职业生涯中，曾经被辞退18次，可是她每次都放眼最高处，确立更远大的目标。最初由于美国大部分的无线电台认为女性不能吸引观众，因此没有一家电台愿意雇用她。

　　她好不容易在纽约的一家电台谋求到一份差事，但不久又遭辞退，说她跟不上时代。莎莉并没有因此而灰心丧气。她总结了失败的教训之后，又向国家广播公司电台推销她的节目构想。电台勉强答应了，但提出要她先在政治台主持节目。"我对政治所知不多，恐怕很难成功。"她也一度犹豫过，但坚定的信心促使她去大胆地尝试了。她对广播早已经轻车熟路了，于是她利用自己的长处和平易近人的性格，大谈即将到来的7月4日国庆节对她自己有何种意义，还请观众打电话来畅谈他们的感受。听众立刻对这个节目产生兴趣，她也因此而一举成名了。

　　如今，莎莉·拉菲尔已经成为自办电视节目的主持人，并曾两度获得重要的主持人奖项。她说："我曾被人辞退过18次，本来可能被这些厄运吓退，做不成我想做的事情。结果正好相反，我让它们鞭策我勇往直前。"

　　有些人总把眼光拘泥于挫折的痛感之上，他就很难再抽出身来想一想自己下一步如何努力，最后如何成功。一个拳击运动员说："当你的左眼被打伤时，右眼还得睁得大大的，这样才能够看清敌人，也才能够有机会还手。如果右眼同时闭上，那么不但右眼也要挨拳，恐怕连命都难保！"

拳击就是这样，即使面对对手无比强劲的攻击，你还得睁大眼睛面对受伤的痛楚，如果不是这样的话，一定会失败得更惨。其实人生又何尝不是这样呢？

在冰天雪地中历险的人都知道，凡是在途中说"我撑不下去了，让我停下来喘口气"的同伴，很快就会死亡，因为当他不再走、不再动时，他的体温就会迅速地降低，接着很快就会被冻死。可不是吗？在人生的战场上，如果失去了跌倒以后再爬起来的勇气，我们就只能得到彻底的失败。

弘一法师说："厌恶苦并无法驱走苦；唯有放下想要苦消失的念头，也就是去正面地接受它，苦才会有消失的一天。当我们想到无穷尽的存在界本具不圆满性时，我们内心那一点的痛苦又何足挂齿呢？不让心追逐乐受，也不让心堕于苦受，就让它们顺其自然。"

2.破碎的心，最能体会到丰盛的喜悦

人生最甘美的东西，都是从苦难中得来的。香料必须经火燃烧，才能发出浓郁的香气，泥土必须耕松，才适于下种，麦子必须磨碎，才能做成面包，一颗破碎的心，最能体会到丰盛的喜悦。

——弘一法师

明智地选择乐观的生活态度，那么快乐一定会围绕在你的身边。弘一法师说："一张开心的面孔对病人的帮助，犹如宜人的气候有益健康。只有死人，才不会犯错。别害怕阴影，它只不过是告诉你在不远处有亮光。

有一件事可以让你对每件事都产生好感，那就是你心中闪着一个念头：好事将近了！人生中要紧的未必是际遇，而是应对际遇的态度。"

杰瑞是个不同寻常的人。他的心情总是很好，而且对事物总是有乐观的看法。

当有人问他近况如何时，他会答："我快乐无比。"

他是个饭店经理，却是个独特的经理。因为他换过几个饭店，而这几个饭店的侍应生最后都跟着他跳槽了。他天生就是个鼓舞者。

如果哪个雇员心情不好，杰瑞就会告诉他怎样乐观地去看待事物。

这样的生活态度实在让人好奇，终于有一天一个名叫杰克逊的人对杰瑞说，这很难办到！一个人不可能总是乐观地对待生活。

"你是怎样做到的？"杰克逊问道。

杰瑞答道："每天早上我一醒来就对自己说，杰瑞，你今天有两种选择，你可以选择心情愉快，也可以选择心情不好。我选择心情愉快。"

"每次有坏事发生时，我可以选择成为一个受害者，也可以选择从中学些东西。我选择从中学习。"

"每次有人跑到我面前诉苦或抱怨时，我可以选择接受他们的抱怨，也可以选择指出事情的正面。我选择后者。"

"是！对！你说得很有道理，可是没有那么容易做到吧。"杰克逊立刻反问。

"就是这么容易。"杰瑞答道。

人生有时就是一种选择。正像我们无法选择工作，但可以选择对待工作的态度，可以选择处理工作的方法一样，改变不了天气，难道就不能改变自己的心情吗？

快乐，其实是一种境界、一种追求、一种憧憬，快乐也是一种情绪，懂得了控制情绪的方法，你就已经站在了快乐的一方。

谁都无法"平安无事、无忧无虑"地过一辈子，谁都可能遇到不是那么尽如人意的事儿,有的人往往能从挫折中了解人生的真谛,从困难中取得生存的经验,从而欢乐常有,勇于奋进,最终到达成功的彼岸;而有的人则把苦难和忧愁闷在心上,整日里阴云淫雨,烦恼不尽,不能自拔,不仅难点照旧,事业无成,而且累及身心健康。

因此可以说,一个人快乐与否,不在于他是否遇到什么困境,而在于他怎样看待困境。也就是说,消极心态与快乐是无缘的。

星期天,你本来约好和朋友出去玩,可是早晨起来往窗外一看,下雨了。这时候,你怎么想?你也许会想:糟糕!下雨天,哪儿也去不成了,闷在家里真没劲;如果你想:下雨了,也好,今天在家里好好读读书、听听音乐,也很不错。这两种不同的心理暗示,就会给你带来两种不同的思考方式和行为。

你可以选择一个快乐的角度去看待生活,也可以选择一个痛苦的角度。鱼在水里游来游去,那么从容,那么自在,它的快乐全部弥漫在水中,而我们人类的快乐全部藏匿在生活的每个角落,它们是那样简单,简单到只需人们用心去细细地品味。只要我们有一颗细细品味幸福的心,快乐自会萦绕在我们身旁。

台湾著名漫画家蔡志忠说:如果拿橘子比喻人生,一种是大而酸的,另一种就是小而甜的。一些人拿到大的会抱怨酸,拿到甜的会抱怨小;而有些人拿到小的就会庆幸它是甜的,拿到酸的就会感谢它是大的。当我们不知事情该如何进展下去时,也许,换个角度思考问题,问题就会迎刃而解。

若你每天的发心,都是愿众生欢喜,你自己也会解脱。从烦恼的人到解脱的人,其间只不过是一步而已。

3.不被流言蜚语影响

慈心正意,罪灭福生;邪不入正,万恶消烂。

——《坚意经》

有人的地方就有是非,尤其是职场,人多嘴杂,滋生各种流言蜚语,有的人出于嫉妒,有的人想泄私恨,有的人想排挤别人……据某公司对美国2429名员工进行的一项网上调查,结果显示,60%的人认为职场中的流言蜚语最让人无法容忍。相信国内上班族厌恶流言的程度决不比美国人差,但职场上的流言却一天也没有停止过。

我们没有能力去制止流言,却可以选择不被流言蜚语影响。都说,谣言止于智者。《坚意经》云:"慈心正意,罪灭福生;邪不入正,万恶消烂。"

这是佛陀对治毁谤的良方。佛陀也会遭人毁谤,所以毁谤可能是由于我们表现得太好,我们应该感谢别人对我们的毁谤,因为如此一来,正好给自己一个反观自照、消灾解怨的机会,让我们得以在菩提道上步步提升。

现代高僧广钦和尚在福建省出家,住在承天寺。他说自己没有福报,不敢接受供养,就去住山洞,一住就是十三年。十三年后回到庙里,他还是不住寮房,要求守大殿。大殿不能安床铺,只能天天晚上在大雄宝殿打坐。

过了一段时间,监院师和香灯师召集大家宣布说,昨天晚上大雄宝殿的功德箱被盗。这个功德箱是庙里的主要收入,从来没有发生过被盗的事。所以,当时大家自然怀疑到广钦和尚,认为他在殿里打坐,即使他没有偷,别人偷的,他也应该知道,也有责任。大家对他的看法一下子发生了一百八十度的转变,认为这个人号称坐山洞十三年,结果还干出这等事,就很鄙视他,认为太可耻了。全庙的人包括来的居士都对他心怀不满。他本人却并没有申明一句："我没有偷，也没有看到别人偷。"好像这件事与他无关一样。别人骂他、指责他，他也不解释，若无其事一样。

这样过了一个星期，监院师又集合大家宣布："没有功德箱被盗这回事，我之所以这么说，是为了考验一下广钦在山洞住了十三年，到底有没有学到功夫。现在证明他是真有功夫的！"

星云大师在《佛光菜根谭》中写道，毁谤打倒不了一个有志气的人，除非自己本身不健全、没有实力；面对毁谤最好的方法就是不去辩白，对是非默然摈之。为人不争一时之气，要争的是千秋万世。

韩真真是一个特单纯的女孩子，就像她钟爱的白色一样。大大的眼睛，白净的小脸蛋上每天都挂着微笑。刚刚大学毕业，22岁的韩真真顺利地进入了重庆市某商贸公司，成了一名文员。

没有任何工作和社会经验的她，很希望尽快和大家打成一片。其实，公司的业务还是非常繁忙的，大家整天都忙忙碌碌。不过，韩真真很快发现，同事们有个坏习惯，那就是大家都喜欢聊些蜚短流长。

韩真真知道这样做不对，但是也不便当面制止他们。很多时候，同事们在不断地说，她只是安静地坐在一边。前不久，同事们在讨论老总是个吃软饭的家伙，一切都是依赖着太太娘家的支持。他们在口若悬河，她心底里却厌恶得不行。正在这个时候，老总出现了，一脸怒气地钻进了办公室。从此，老总再看到当时在场的几个人，都是一副冷峻的表情。

这无疑让韩真真刚刚开始的职场之路布满冰霜，她心焦不已。不过，她没有急于向老总解释，而是在闲暇时刻意和爱说是非的同事保持距离。比如午休，韩真真一个人百无聊赖，但是纵使趴在办公桌睡觉，也不再当"旁听"。

渐渐地，老总终于开始信任韩真真，不再对她冷眼相对。而那些同事却因再一次无中生有，超越了老总心理承受的极限，老总付给他们遣散费后，提前解除了他们的合约。

"清者自清，浊者自浊。"暴跳如雷，大吵大闹或一味为自己辩解，只能越描越黑，反倒给人留下一个浮躁的印象。正确的做法是等自己的心理风暴过去以后，冷静下来，再做下一步的打算。面对流言蜚语，如果一时说不清楚，不妨先回避一下，不予理睬，这样流言蜚语也许很快会平息。

佛陀在《四十二章经》中说，欲以毁谤损人，就如同"仰天而唾，唾不污天，还污己身；逆风坋人，尘不污彼，还坋于身"。诚乃不虚之言也。所谓"君子坦荡荡，小人常戚戚"，我们的心地只要像太阳一样光明磊落，恶言毁谤必如霜露般消失无踪。

4.点亮心灯,黑暗自然就会逃走

我们虽然不能赶走室内的黑暗，但我们只需把光明放进来，黑暗自然就会逃走！打破我们的消极心态也是如此，只需点亮心灯，一切都会慢慢地好起来。

——德山禅师

我们之所以沉溺于悲伤，看不见光明，是因为我们忘记了打开窗户，光线自然照不进来；我们之所以时常茫然，时常丢失了自己，是因为忘记了享受阳光。不管生活对我们仁慈还是残酷，都是生活的给予。就因为是给，而不是取，所以我们都要去面对。

只要打开心灵的窗户，就有灿烂的阳光照进来！人生如四季有严寒与酷暑，人生如天气有晴朗与风雨，人生如道路有平坦与崎岖，但无论何时，把光线放进心中，就不会感觉伤悲抑郁。

一个悲观女士去拜访一个乐观女士。快到时，悲观女士看到了一扇漂亮的旋转门。她轻轻一推，门就旋转起来，她随着玻璃门转进去，见乐观女士正站着等她。

悲观女士虔诚地问："我今天来是想向您请教，快乐有什么窍门？"乐观女士用手一指她的身后："就是你身后这扇门。"

悲观女士回过头去，看见刚才自己走过的那扇旋转门，门正慢慢地旋转着，把外面的人带进来，把里面的人送出去。两边的人都顺着同一个方向进进出出，谁也不影响谁。

我们每个人的心里都有一扇门，不过材料不同罢了。有的人是带锁的木门，成功快乐时就打开，而失败痛苦时就关闭，把自己锁在黑暗里；有的人是旋转的玻璃门，不管成功还是失败，快乐还是痛苦，总是让自己的心灵之门旋转起来，把失败和痛苦旋转出去，让希望和未来旋转进来；有的人是一扇永远打不开的铁门，阳光照不进去，所以他们的内心就一直沉浸在黑暗之中。

人需要自由和向上的生活，需要阳光给我们带来生命的气息。不要再去思考人活着究竟有何意义，不要再因繁琐的工作而耽误你享受阳光的时间。生活需要阳光！请把窗户打开，让阳光洒进来！

黄祯一直和丈夫一起过着拮据的生活，他们有两个孩子。可是，丈夫忽然患了癌症，为了支付昂贵的治疗费用，她不仅花光了家里仅有的一点存款，而且还借了许多外债，可是最终仍然没能挽回丈夫的生命。丈夫去世后，家里已经是一贫如洗，黄祯不得不努力赚钱养活自己和两个孩子。她以分期付款的方式买了一部旧车，去为一家出版公司推销图书，没有固定薪水，全靠业务提成，收入毫无保障。

黄祯觉得孤独、沮丧，每天有一百个担心：怕付不起购车贷款，怕交不起房租，怕没有足够的东西吃，怕付不起孩子的学费，怕突然生病而无钱看医生……她觉得生活毫无希望，想自杀以寻求解脱，但又怕孩子沦为可怜的孤儿。她真不知道如何打发每天战战兢兢的日子。

有一天，黄祯在一本书上看到了后来改变她命运的一句话："对一个聪明人来说，主动打开窗让阳光照进来，那么每天都会有一个新的生命。"她忽然醒悟，才发现自己一直活在昨天的不幸和明天的恐惧中，反而忽略了今天。

黄祯因为这句话激动了半天，她将其打印出来，贴在床头一份，贴在车子前面的挡风玻璃上一份。每天，起床的时候，她就对自己说："今天又是一个新的生命！"每天开车上路的时候，她也会对自己说："今天是多么美好的一天。"然后满怀希望地上路。

渐渐地，黄祯学会了忘记过去，不想未来，只想如何干好眼前的每一件事情。她的心情逐渐开朗起来，她的笑容和乐观也感染了她的客户，销售业绩和个人收入成倍增长，她还清了债，经济状况得到了很好的改善。后来，她还遇到了一个好男人，重新披上婚纱，过上了幸福的生活。

也许有的人会说，生活对我来说充满曲折和坎坷，磨难一个接着一个，幸福于我总是遥不可及，我怎么可能拥有快乐，怎么能不发脾气呢？

其实快乐与人生的顺境和逆境无关，只与人的愿望和努力的方向有关。

你也许有一个不幸的童年，可是你幼小的心灵里充满了不甘示弱的倔强，你当哭就哭，当笑就笑，用一种勤奋和韧性代替了心中的幽怨和委屈，就像磐石底下拱出的一棵嫩芽，不停地将弯弯曲曲的细长身体顽强地向上伸展着，去竭力争取得到阳光雨露的滋润，于是它的根在挣扎着生长的过程中深深地植入大地的胸膛，饱饮泉水和养分；它的躯干和枝叶迎着灿烂的阳光茁壮而蓬勃地繁茂着；即便是在风雨中它也在不停地歌唱，所以童年不幸的你，完全可以像这棵嫩芽一样，用坚强和乐观洗去脸上的阴郁和眸子里的泪光，一步一步扎实地向前走，最后你一定会长成一棵参天的大树。

也许你在情感的道路上突然遭受了一场严重的伤害，你的心被摧残得支离破碎，你觉得就像灵魂已经飞走了一般，但是只要你心中还有一丝快乐残存，那么它就会慢慢治愈你心头的创伤，使你那颗被情爱迷惑的心重新复苏，让你感觉到天涯处处有芳草，快乐会帮助你重新找到属于你的爱。

也许原本家财万贯的你突然破产，一夜间变成了个一贫如洗的穷光蛋；也许聪明好学的你竟然高考失利……总之世事无常，命运多舛，任何人都可能在任何时间和任何地点，遭受到不同的打击和挫折，但是，任何事情的本身都没有快乐和痛苦之分，快乐和痛苦是我们对这件事情的感受，同一件事情，你从不同角度来看待，就会有不同的感受。

比如兢兢业业工作着的你突然失业，你可以抱怨命运的不公平，可以痛恨上司的无情，可以忧伤得一筹莫展，但你也可以这样想，命运又成就了我一次选择职业的机会，也许从此我的生活会变得比以前更充实、更富裕，于是你心情轻松地踏上了求职的道路。一切的不愉快都不必挂在心头，更无须梗阻于喉，那样只会伤害身体，酿成顽疾。你要相信，一切都会有的。

再比如，你不小心丢失了一件价格不菲的皮大衣，你可以对自己的粗心懊悔不已，可以对拾金而昧者耿耿于怀，但是你也可以这样宽慰自己：从此一个衣衫褴褛的穷人不再惧怕冬天的严寒了，于是你就有了一种助人为乐后的快慰。既然一切都不会失而复得，那就财去人安吧！

再比如，孩子拆坏了你精心收藏的一块钟表，你可以痛心疾首地揍孩子一顿，于是孩子哭，大人骂，家里顿时硝烟弥漫，可是你是不是也可以在片刻的痛心之后，马上这样想一想：孩子在实践中又长了见识，于是你亲切地摸摸孩子的头："孩子，你能把它再重新装起来吗？"笑一笑，自己乐，孩子乐，何乐而不为？

　　事本无异，异的是心情。

5.将职场看做是一个快乐的天堂

　　心灵不能统一，精神即成分裂，什么都会反应过度，造成负担。私言则有所不正，私德则有所不明。追求声名，不如先正心术。

——延参法师

　　不知道从什么时候起，你发现自己出现了"自我分离"的状态。出现在众人面前的时候，你微笑着的表情、穿戴整齐的打扮，及对待工作一丝不苟的态度，使大家觉得你是一个快乐且心态平和的人。而只有你自己知道，其实很多时候，你都是不快乐的。你心事重重，因为你觉得自己空虚；你百无聊赖，因为你觉得自己没钱；你天天做梦能住上豪华的房子，能中大奖……于是，你的工作成了鸡肋，食之无味！

　　其实，畅快聊天的时候，大口喝酒的时候，大声唱歌的时候，看一本好书、一部好电影的时候，听一首好歌的时候……你都可以那样地快乐。但是，你还没有调整好自己的心态，不懂得发现工作中的快乐。

　　相当多的职场人士将这种不快乐的心情互相影响，使大家都感到"累"。但其实，职场中的人都明白，最主要的"累"不是因为工作紧张与压力，而是"心"苦、"心"累——下属反叛、领导压制、同事之间钩心斗角。

　　其实，如果你仔细想想，以上情况是不是只有职场中才有呢？我们身边不是也经常有这样的事情发生吗？若你不置身于职场，就不会如此闹心了吗？因此，如果你将职场看做是一个快乐的天堂，你就会发现，职场里有很多快乐等着你去分享！

做一名快乐的职场人，你首先需要积极参与到职场中来。要知道，胜败与否不重要，积极参与是关键。

为了更愉快地生活，首先要愉快地面对办公室政治。对此，心理学家表示，只要办公室存在，你就无法逃避办公室政治。亚里士多德在两三千年以前就与他人分享他的智慧——人生来就是政治的动物。很多刚走出校门的同学对职场政治很反感，其实这没有什么可反感的，如果你用一颗正常的心来看待这件事，你就会发现，办公室政治也许不像你想象中的那么可怕。在办公室中，有政治行为是常态，没有政治活动才奇怪。如果你闭上眼睛漠视办公室政治的存在，就如同关上电视拒绝收看台风来袭般的不智，因为你迟早会被卷入其中，有所准备，才有存活的机会。

千万不要以为你周围的人每天都在想一些让你无法琢磨的诡计。其实，在你们面临同样的工作，彼此之间有竞争的时候，钩心斗角是不可避免的，而你面临的挑战是找到一个方法，游刃有余地控制并且试着享受它。

一位办公室政治专栏作家一针见血地说："办公室政治这场游戏，要是你不愿下场，那就不要抱怨升职无期、薪资原地踏步、人家对你视若无睹，甚至被裁掉。"因此，在办公室里，不要假清高，如果你不玩办公室游戏，那么就等于你主动认输了！你不玩，连期待输赢的权利都没有了，生活不也同样没有乐趣了吗？

放下所有的不屑和无奈，享受办公室政治是在其中斡旋的最高明的办法。再或者你可以这样想：办公室政治不过是多结交应交的朋友，少在同事间结怨。看别人钩心斗角就算是每天上演的免费电影；电影看多了，自己也有当些小配角娱乐他人的必要；也许有一天你被推上了主角的位置，只有电影看得多了，了然于胸，才能享受地扮演自己所扮演的角色。人生本来就是演戏,演得好或者不好都无所谓,享受自己的办公室生活吧。

其次,对于工作你没有办法选择,但是你却可以选择改变自己的态度。比如,面对自己总是出问题的工作,你就当是积累经验吧!要知道,不管是工作还是生活,每个人都会有一些惨淡的经历,这些经历足以让我们沮丧,感到这个世界简直是糟糕透顶了。但是,那些勇敢的人往往会用孟子的那段话来激励自己:天将降大任于斯人也……因此,那些经历又算什么呢?

如果和《鱼》的主人公玛丽·简比起来,你简直是太幸运了。玛丽·简恩爱的丈夫因病去世,留下一大笔拖欠的医药费和两个年幼的孩子,更糟糕的是,她接手了一个"反应迟钝、争权夺利、贫乏消极"的团队。对于工作的环境,玛丽·简在日记中记录道:"工作中发生的任何情况都不能使他们兴奋起来。我下属有30名员工,其中多数做事缓慢、工作不饱和、积极性低。他们中有些人好几年都是按同样的方法重复着节奏缓慢的工作,简直是无聊至极。当我在公司走动时,空气中所有的氧气都好像被抽走了,令人几乎不能呼吸……"

一次午餐时间,为了逃避"三楼"那令人窒息的气氛,玛丽·简离开了办公大楼。闲逛中,她走进了派克街鱼市,这里充溢着的快乐情绪与充满活力的气氛深深地打动了玛丽·简。

一个叫罗尼尔的鱼贩子向她讲述了这里的曾经和现在,她才了解到派克街鱼市也曾经和其他市场一样,重复着简单的工作和百无聊赖的时光,但一次讨论改变了这一切,并使得派克街成为世界著名的旅游胜地。

此后,在反复的接触中,玛丽·简从鱼市学到了以下几条重要的经验。其中一条就是选择自己的态度,内容是这样的——即使你无法选择工作本身,你可以选择采用什么方式工作,用玩的心情对待你的工作,快乐每一天;带着阳光、带着幽默、带着愉快的心情对待每一个人;把你的注意力集中在快乐的工作上，就会产生一连串积极的情感交流。

如果你还不服气，可以问问自己是不是有时会说这样的话："我很讨厌这个上司"、"我觉得他很烦"……可是，你想过没有，这样的话很可能把你的职场生活搅乱。工作是你的，他跟你有什么相关？既然你那么讨厌他，为什么又因为他的存在而浪费掉自己积累经验的宝贵时机呢？

凡成大业者，必重"天时、地利、人和"三要素，没有良好的人际关系，在哪里都是无法生存的。能否愉快地工作，除了你对工作的兴趣外，很大程度上取决于职场人际关系的好坏。人际关系好的人，整天乐呵呵，人人都愿意为他效劳。因此，在职场上你就不要用"合则来，不合则去"的随意态度来对待人际关系了。

只要你放弃以自我为中心的想法，放弃对他人的猜测和种种抱怨。相信自己的看法，意见没有绝对的对与错，任何事情都要经过切磋琢磨，才能得出最理想的结果。如此，你才能赢得大家的喜欢和尊敬；如此，你才能真正快乐起来！

6.阅读是最快乐的消遣

读书是一种茶余饭后的消遣，是精神饥饿的快餐，是解脱疲劳的烈酒，也是驱逐寂寞的野曲，是于轻松阅读中产生的某种快感。

——慧律禅师

莎士比亚说过：生活里没有书籍，就好像天空没有阳光；智慧里没有书籍，就好像鸟儿没有翅膀。

英国著名浪漫主义诗人雪莱非常喜欢读书，书上的知识丰富了他的想象力，活跃了他的思维，使他看上去永远是那么朝气蓬勃，热情奔放，充满活力。他总是不停地看书，几乎到了废寝忘食的地步。他吃饭时面前也放着书，一边看一边吃，经常忘记喝茶吃面包，烤羊腿和马铃薯是常常冷了热、热了冷，热了好几遍才吃完。他外出散步时也总是书不离手，经常自言自语地吟诵着名篇和诗文，令同行的朋友为之动容。雪莱年仅29岁便死于海滩，他短暂的一生却留给后世宝贵的文学财富，他的抒情诗成为文学史上不朽的杰作。

培根说：孤独寂寞时，阅读可以消遣。人在独处时，就会心浮气躁，就会想入非非。但如果与书籍结缘，思想就会通达古今。作为社会中普通的一员，在独处时，与书为友，就会把生活的艰辛与磨难看得云淡风轻。

在社会生活中，激烈的市场竞争，沉重的生活压力，未来的变化莫测，以及升学、求职、待岗、疾病、安居、养老等现实问题已经让人们心力交瘁。在这种紧张的生活状态下，读几本消遣性读物，不啻也是一种精神的解脱，情绪的放松。

人们在阅读时，精神上没有疲劳的厌倦，没有沉重的负担，没有无形的压力，在轻松的阅读中走进作品，跟随作品精心铺排的事件和环境，在时而山穷水尽，时而柳暗花明中无限地惊奇和企盼，同时获得时而和风细雨，时而电闪雷鸣的大起大落、亦悲亦喜的阅读感受，使自己不由自主地忘却身边无尽的忧愁和烦恼，从精湛的艺术魅力中得到精神上的享受。

王安忆说：阅读是需要修养的消遣，第一要识字，第二要有想象力。对她来说，没有任何娱乐可以代替阅读。

一次春节旅行中，她偶然在斯洛伐克首都布拉迪斯拉发逗留两日。这个城市存在许多问题：坑坑洼洼的高速公路、绕路的司机、美国资本的无孔不入……但是最让她感动的是，这个城市里到处是书店和图书馆。"因为这样，你不可小视这个国家，这是个有希望的国家，阅读可能是个奢侈的消遣，但这也是一种民族性格。"

凡是读书多的人发展潜力一定是强的。华人首富李嘉诚12岁就开始做学徒，还不到15岁就挑起了一家人的生活担子，再没有受到过正规的教育。当时李嘉诚非常清楚，只有努力工作和求取知识，才是他唯一的出路。他有一点钱都去买书，记在脑子里面，才去再换另外一本。直到现在，每一个晚上，在他睡觉之前，还是一定得看书。后来李嘉诚对人们讲："知识并不决定你一生是否有财富增加，但是你的机会就更加多了，你创造机会才是最好的途径。"

鲁迅说读书如打牌，天天打，夜夜打，连续地打……真打牌的人并不在赢钱，而在有趣。它妙在一张一张地摸起来，永远变化无穷。嗜书也如此，每一页每一页里，都有着深厚的趣味。自然也可以扩大精神，增加知识，但这不能计及，一计及，等于意在赢钱的赌徒了，这在赌徒中也是下品。

周作人则鼓励烟鬼式的读书："有如抽纸烟的人，手嘴闲空，便觉无聊，书只一本本翻下去，如同烟一根根抽下去。"

周氏兄弟两人的比喻都道出了读书的趣味性与非功利性。这恰恰是"读书"的真谛所在。

真正的"读书"，不仅在读"书"，更在"读"所达到的"境界"，只要进入了，就会感到无穷的乐趣。人们常说的潜移默化、润物无声讲的就是这个道理。应该说任何读书都有功利性，古人曾有过"万般皆下品，唯有读书高"的说法，但我们可以把为功名利禄而读书，变成为获取知识与获得艺术享受而读书，把功利变成轻松、愉悦的消遣。

把阅读当做是一种消遣，让阅读成为一种习惯，对于我们提高自己不无裨益。人的一生是有限的，直接向别人学习的经验也是有限的，但是通过读书间接向别人学习则是趋于无穷的。读书可以让我们突破时间、空间的限制,自由地驰骋我们的思绪,可以跟古今中外许许多多优秀的人对话、交流。所以芒格说:"手里只要有一本书,我就不会觉得浪费时间。"

把阅读当做消遣是聪明的,把很多消遣的时间用来阅读是高明的。唯有知识无法贬值,一旦存在,它将被你长期拥有。所以,需要消遣的时候,不妨泡一杯茶,拿一本书,细细品味一番,一定会有许多意想不到的收获。

7.掌握好心情的法则

一切诸众生,无始幻无明,皆从诸如来,圆觉心建立。犹如虚空花,依空而有相,空花若复灭,虚空本不动。

——《华严经》

一个人要想掌握心情的法则,也就是要懂得自己的心情,并达到控制心情的目的,这是一种说简单也简单,说困难也困难的事情。关键要看这个人到底花了多少的心思,甚至下了多大的决心来做这件事情。

每天,当我们在晨光中醒来的时候,心情已经悄无声息地有了改变:昨日的快乐已变成今日的哀愁,或者是昨日的忧愁已经变成了今天的快乐,当然今日的坏心情也可能转化为明日的好心情,或者是今天的好心情转化成明天的坏心情。

在我们的心中,这种心情就像一个个转盘似的,不停地旋转着,乐极而悲,喜极而忧。这就好比那多变的天气,阴晴不定。但是我们得知道,心情并不是不能控制的,即便它们会变化,只要我们懂得如何控制它,我们照样每天都能拥有一个好心情。

我们都知道，情绪具有自然的本性，要想控制自己的情绪，除非以自制的力量驾驭它，否则，结果将会是失败的。就如同花草树木一样，也是自然的本性。要想改变这些，还得需要自然的力量来改变。花草树木随着气候的变化而生长，也随着气候的变化而凋零。

因此我们要学会用自己的心灵来弥补情绪的不足。情绪是可以变化的，但人的心灵是不可能变的。也就是说人的本性是不会变的。

那么我要怎样才能控制自己的情绪，让我们每天都充满幸福和欢乐呢？

其实很简单，就是用心情与心情对抗。比如说在你沮丧时，可以用兴奋的心情来与它对抗，你可以大声地歌唱或者做激烈地运动来驱赶自己沮丧的情绪；在你感觉到悲伤的时候，你可以用愉快的心情来消磨这种悲伤的情绪，你可以开怀大笑，可以多看一些轻松幽默的漫画或者影视剧。

由此及彼，在你恐惧时，你要勇往直前，比如说坚定信念，自我暗示等；在你自卑时，你要找到自信，比如说你换上新装，换个自信的发型等；在你不安的时候，你要表现得勇敢，比如说提高嗓音，放慢脚步等。

总之，我们不能任凭这种不好的情绪，在我们心里横冲直撞，肆意破坏我们的心情。要知道，这种情绪在破坏我们心情的同时，实际上也是在消耗我们的精力，让我们花很大的气力，却做很少的事，或者是做质量更差的事。不仅如此，它还是一个恶性循环，会导致我们的心情变得更差。

当然情绪是一把双刃剑，好的情绪能帮助我们。比如说当一个人的情绪高涨时，对待周围的人都是相当温和的，办事效率会有明显的提高；但当一个人情绪低落时，就会出现很多的差错。所以这把双刃剑如果用不好，就会出问题，会给我们的生活和工作带来很大的麻烦。

因此最好的办法是能保持我们情绪的稳定，尽量不使它大起大落。这样就可以保持一种平静的心境,然后加上理智的作用,定能将我们的情绪稳定在安全线以上。

然而这种理智和情绪并不是完全孤立的,而是有联系的。比如说一份愉悦的情绪可以给我们的理智指明方向,使理性趋于更加成熟、更加完善。这样就让我们的思考更加顺畅,心情也就更加愉快,成就感体现得更加强烈,前进的脚步也就相对加快。

总之,一个心情变化起伏很大或变化频率很高的人,无论他们的办事能力怎么样,他们总是会出些差错或者做一些连自己都难以理解的事情。有时候会丧失自己的选择判断能力。在这种情况下,这类人是非常不利的,因此一个人要想一直都处在优势的地位,就得学会控制自己的情绪。

在控制情绪的时候,最大的障碍就是心情的浮躁。浮躁是现代人的一种通病,其中包括嫉妒、虚荣、目光短浅,甚至有不切合实际、好高骛远等一系列的心理状态。有的人光想干大事,幻想一夜成为百万富翁,却没有付出任何行动。他们的心情根本就无法平静下来,心浮气躁,看什么都想去捞一把,犹如猴子掰玉米,掰一个丢一个,最终结果只能是一无所获。

要想控制一个人的浮躁,每个人有不同的方法,要付出的努力也是不一样的。有的人很容易就做到了,很快成为了一个远离浮躁的人,而有的人却一辈子还是那个臭脾气,说到底这与一个人的性格有着很大的关系,如果是一个心情温和的人,那他很快就能平静下来,浮躁也就很自然地消失了;一个本来脾气就是很火爆的人,如果要他把脾气改好,学会控制情绪就比较困难。

不过不管是谁,只要做到下面几点,也就基本可以了:

(1)暗示自己

每天要多提醒自己,把心情放平和一点,千万不要急躁,尽量使自己的心情安静,保持心态平和。每当你稍有浮躁时,你就用这种暗示和自我鼓励的方式来调节自己的心情,久而久之就会成为一种好的习惯。

(2)生活中形成规律

最好让自己的生活变得井井有条，让自己的生活充满规律。形成规律以后，你会发现，生活也并不是那么让你厌烦。因为生活有了规律之后，每天你都知道自己要做什么，也知道自己该做什么。这样心情自然就会好多了，而这种好心情最终也会有助于你以平静的心态去应付每天的生活和工作。

(3)多参加运动

实践证明，运动是能让自己的心情保持轻松愉快的一种很好的方法。因为运动能使人把身体里多余的精力给释放出来，而这些多余的精力也就像那些残渣一样经常堵住人们的情绪排放处，最终导致情绪失控。而运动正好能给多余的情绪一个排放的方式，在身体流出汗液的时候，你的负面情绪也就跟着流出了人体外。

(4)回归自然

一般人都会有这种感觉，当我们去登山或者漫步时，会不自觉地将自己的身心投入到大自然之中，专心聆听大自然的声音，去呼吸清新的空气，这时我们会发现所有的烦恼都会随风而逝，原本郁闷的心情也会顿时烟消云散。这时你会在回归自然的过程中，找到真实的自我。

8.自己娱乐自己

但向己求，莫从他觅，觅即不得，得亦不真。

——慧思禅师

虽然我们不能改变周遭的世界，但是我们可以用慈悲心和智慧心来面对这一切。用积极的心态处世，所谓"兵来将挡，水来土掩"，不要被世事沉浮影响了心境，做到"无喜无忧"，也就是有好事不过度狂喜，有坏事不过度惆怅。

《易传》里说："乐天知命故无忧。"人的一生充满着烦恼、忧愁，那么就需要"无忧"来消解这些烦恼忧愁。生活纵然风波不断，有的时候忧愁、苦闷全都找上门来，当我们面对这些无可奈何的时候，不要沮丧放弃，我们可以自己寻找生活的惊喜，寻找生活中的一抹亮色，让灰色的人生增光添彩，这样才能把人生过得多姿多彩。

欢喜要从哪里来？慧思禅师说："但向己求，莫从他觅，觅即不得，得亦不真。"意思是说欢喜要靠我们自己去创造，不能指望别人给予。

欢喜与否取决于我们的心境，世界上没有绝对不好的东西，也没有什么绝对的欢喜。心里装满了欢喜，粗茶淡饭，也会觉得是人间难得的美味；内心装满了欢喜，就是路上堵车，也会以欣赏的眼光观看道旁的风景。这就是欢喜的好处，让我们时刻保持愉悦，而不是敲着方向盘大骂堵车耽误时间。

有个小和尚很小的时候就上了山，陪在师父身边，两个人在山上的庙里度过了好几年的时光。渐渐地，小和尚开始觉得有些寂寞，山上的景色他已经看了许多遍，想去山下看看大千世界，但是小和尚又不敢跟师父说，于是就整天愁眉苦脸的，师父不在的时候就唉声叹气的，做什么都提不起兴趣。

小和尚以为师父不知道自己的心事，但师父一眼就看穿了小和尚是动了"凡心"，导致不能安心学佛。于是在一天清晨，师父叫来了小和尚，对他说："为师想要吃些新鲜的果子，你去后山帮为师摘一些回来。"

小和尚点点头，不明白师父为什么突然之间想要吃果子。小和尚穿林过河，来到了后山，找了几种不同的果子，带回来给师父。可师父看到果子的时候却摇摇头,说:"这果子我不爱吃,重新摘吧。"

小和尚很纳闷,师父怎么挑起食来了,他教导过自己不能挑食的啊。小和尚再次到了后山,精心挑选了几种甜美多汁的果子,没想到师父又摇摇头,说:"这果子还酸,为师不要。"

第三次踏上后山的小和尚,失去了所有的耐心,躺在一处青草里,看着天空和远处的树林,想不通师父今天为什么如此奇怪。渐渐地,周围的风景把他迷住了,他越看越入迷,一直看到了天黑。

回来后,师父满意地点点头,说:"你终于懂得了欣赏,寺里生活枯燥,正需要一些欣赏的眼光才能够坚持下去啊。"

生活不易,我们要学会自己娱乐自己。这种生活态度能够让我们更好地保持一种平和愉悦的心情,用心态屏蔽烦恼是最简单直接的方式,随时随地保持欢喜之心,对别人的一切都以欢喜之心来包容。哪怕生活再艰苦,再让人难熬,我们也有一种更好的心态去面对,在生活的大风大浪里,不让我们落于下风。

延伸阅读:

看开人生20件事知足常乐

幸福的人生需要忍耐多少无奈,需要看开多少浮云。贫穷、缺陷、压力、矛盾、误会、失意、孤独等,这些暂时会给你带来痛苦,但经历后,看开后,它们就是你人生的财富!

吃亏

生活中有的人害怕吃亏,买东西生怕买贵了,发奖金总要打听自己的少不少。一般人认为吃亏是弱者和愚者的行为,但从长远来看,能吃亏的人表现出来的是诚实、善良的品质,更容易得到别人的信任。

"知足常乐,吃亏是福"还是保持身体健康的诀窍。吃了亏但不计较,这种乐观、放松的心态可以让自己远离紧张,是压力的"缓冲剂"。

放弃

走在人生的十字路口,往往需要作选择,每作出一个选择就意味着你要放弃另外一个。所谓"有舍才有得",不必耿耿于怀放弃是否正确,敢于放弃就是一种勇气。

与那些不达目的誓不罢休的人相比,懂得放弃的人身心更健康。

漂泊

春运在成为中国过年一道独特风景的同时,也让我们知道,有多少人远离家乡在外漂泊。没有归属感的漂泊看上去是一种不幸,实际上也是一种历练。走走停停时,能获得更多的人生阅历。

漂泊与稳定,无所谓好坏和对错,它们只是两种不同的生活方式。人生的重点是回归,生活在哪里都是驿站。

失业

现在早已不是吃"大锅饭"的时代,一两次偶尔的失业带来的不全是绝望。在日本,就有"失业者之友会"这样的团体,在失业后大家互相鼓励,将它看成人生中新的机会。而失业也能让自己有时间重新整理自己,轻装上阵。

评价

很多人太顾及别人的看法,太在意别人的评价,结果把自己搞得很紧张,畏首畏尾,总好像为别人活着一样。实际上,把自己看得太重,就无法专注到事情本身,很难成大事。

应该坚持自己独立判断的能力,并能经受得起批评,包容他人不同的看法。

幼稚

被人说幼稚，换一种眼光看，其实是人家对你年轻、充满活力的肯定。成熟代表着稳重、圆滑，但也失去了单纯和冲劲。所以不要过于介意被人说幼稚，因为等你到了某一天被生活压得老气横秋、暮气沉沉的时候，肯定会怀念当年的幼稚。

失败

一次失败并不代表有个失败的人生，应该清楚地认识到，失败并不是一件坏事，有了这次的经验，可以换来以后无数次成功。人们不应该过多关注失败本身，而应更关注如何处理失败带来的消极情绪，从而不断提高自己。

孤独

孤独并不是一件悲哀的事，电影《梅兰芳》里说："谁毁了梅兰芳的孤单，谁就毁了梅兰芳。"人生其实是一场孤独的盛宴，守得住孤独的人能拥有更纯粹的灵魂，守不住孤独则会陷入这个社会的浮躁。

独处时就像冷眼看一场绚烂的焰火，只有这时才能深刻地自我反省，也才能更清楚地享受人生的真谛。

失意

失意往往伴随着困境存在。"人生如大海，无日不风浪"。人生的逆境就像大海上的浪花起伏不定，失意时先要辨证地看到，人生的多难、多艰、多变才是常态，一帆风顺只是美好的愿景。

所以，面对失意一定要保持一种"不计得失"的心态，了解所有困境都是暂时的。同时也要明白，"美好的人生需要苦难"，把握好逆境带来的机会，在坚持中寻求突破。

薪水

在年轻的时候，特别是大学刚毕业时，薪水并不是最重要的，因为给人打工薪水高也高不到哪里去。此时，机会远比薪水重要。对于大多数人来说,30岁之前最好去做想做的事,而不是因为盲目追求过高的薪水放弃了自己的梦想。

存款

很多人都爱攀比积蓄,你存了30万,我就要存100万。实际上,拥有大额存款对于年轻人来说不太现实;相反,他们拥有的青春和机会却无价。而对于中老年人来说,存上一部分养老的钱,其他的完全可以去做一些投资和娱乐活动,丰富生活。

误会

生活中的误会很多,或多或少都会给自己带来伤害和不便。误会发生后,最好先以客观的标准来衡量事情本身,然后以坚持的态度找出误会发生的原因,并选择通过第三者去解释。

如果不想解释,也可以选择沉默,对其泰然处之。总之,不要因太看重误会而增加自己的心理负担。

生活中的小矛盾

生活中充满了鸡毛蒜皮的小矛盾,任何琐事都可能演变为一场大战,究其原因,可能不过是多说了一句话,办错了一件小事。

面对生活中的矛盾,首先应该克制住自己的脾气,想发火的先避一避,可以吃块糖解解怒气;然后找个信任的人一起理性地分析症结所在;最后以平和或幽默的方式将其化解。小矛盾就像是生活调节剂,有了就应该解决,但不必太过在意。

除了以上这13件事,还有7件事也是生活中不必太过计较的——贫穷、缺陷、压力、谣言、房子、年龄和麻烦。

人生在给你安排这些小问题的时候,同样会安排无数机会。如果沉迷在这些事情中无法自拔,就容易处处受挫。不计较、不在意的人生应该像《幽窗小记》中的这副对联一样,做到"宠辱不惊,看庭前花开花落;去留无意,望天空云卷云舒"。

第六章

财缘——贫穷和富裕,是在心上安立的缘

1.不清净的财富根本不值得羡慕

> 积财虽千亿,贪著心不舍,智者说此人,在世恒贫苦。
>
> ——《宝积经》

其实许多人对财富的追求是很盲目的。在非洲大草原上,经常会出现这样一幕:当一只野兽在前面奔跑时,成百上千的野兽会毫无理由地跟着跑。许多人就像这些没头脑的旁生一样,看到别人追求财富,便不加思考地盲目跟风。这些人应该想一想:我一定要跟着别人去做吗?别人买一栋豪宅,是不是我也要买?别人买一部轿车,是不是我也有需要?

第六章 财缘

通过思考，有智慧的人会明白，其实一个人并不需要太多的财物，如果自己的欲望超出了经济承受能力，很可能会以造恶业的方式聚敛钱财，而且在追求钱财的过程中也充满种种痛苦，这样自讨苦吃有什么必要呢？

许多人说："我是为了摆脱贫穷，过上富裕的生活，才不断地追求钱财的。"其实贫穷和富裕是在心上安立的，在外境上寻求钱财根本解决不了问题。

有一个叫难陀的国王非常贪心，他拼命聚敛财宝，希望把财宝带到他的后世去。他想："我要把一国的珍宝都收集来，不能有一点剩余。"

因为贪婪财宝，他把自己的女儿放在楼上，吩咐她身边的人说："如果有人带着财宝来求我的女儿，就把人连他带的财宝一起送到我这儿来。他用这样的办法聚敛财宝，全国没有一个地方留有宝物，所有的财宝都进了国王的宝库。

有一个小伙子，看见国王的女儿姿态优美，容貌俏丽，很是动心。可他家里穷，没法迎娶国王的女儿。不久，他生起病来，身体瘦弱，气息奄奄。他母亲问他："你得了什么病，病成这样？"

儿子把心事告诉了母亲，说："如果不能和国王的女儿交往，我将心痛致死！"

母亲对儿子说："但国内所有金钱宝物都叫国王搜了去，到哪里去弄到钱呢？"母亲又想了一会儿，说："你父亲下葬的时候，口里含有一枚金币，你如果把坟墓挖开，可以得到那枚金币，你用它去结交国王的女儿吧。"

儿子挖开父亲的坟，从口里取出那枚金币。然后，他来到国王的女儿那里。国王的女儿便把他连同那枚金钱送去见国王。国王见了，说："国内所有的金钱宝物，除了我的宝库，都没有了。你在哪里弄到这枚金币？你一定是发现地下的宝藏了吧。"

国王用了种种刑具，拷打这个小伙子，要问明白他得钱的地方。小伙子说："我真的不是发现了什么地下的宝藏。我母亲告诉我，先父死时，放了一枚金币在他的口中，我就去挖开坟墓，拿到了这枚金币。"

于是国王派人检验真假。使者去了，果然发现有这件事。国王听到使者的报告，心想："我先前聚集这么多宝物，想把它们带到后世。可是那个死人却连一枚金币也带不走，我要这些珍宝又有什么用？"

从此，国王不再敛财，并把仓库中的钱财散发下去，一心教化民众，他的国家也因此而兴盛起来。

《宝积经》上说："积财虽千亿，贪著心不舍。智者说此人，在世恒贫苦。"意思是说，有的人虽然积累了许多钱财，可是他一直处于贪婪的状态，智者说这种人恒时处于贫穷中。现在有些人已经有好几亿元资产了，但他们还是不满足，实际上这种人就是标准的穷人。此经中紧接着说："彼虽无一物，安住舍离心。智者说斯人，世间最富贵。"意思是说，有些人虽然没有任何财产，但内心很知足，经常处于清净的舍心中，智者说这种人是最富贵的人。

从前，阿育王经常大力供养僧众。有一次宫中的一个婢女见到阿育王供养僧众，心中非常感伤：国王前世修福，现在享受富贵，如今继续修福，将来福德会更深厚；而我前世造了罪业，现在身份卑下，如今无钱修福，将来会更卑下，不知何时才有出期？僧众应供之后，婢女在扫地时得到一枚铜钱，她以欢喜心将这枚铜钱布施给僧众。不久婢女患病死去，死后她转生为阿育王的公主，这个公主一生下来右手就紧握着。王妃将此事告诉阿育王，国王唤来公主，打开她的右手时，手中居然出现一枚金钱，而且随取随生，一直取不尽。阿育王觉得非常稀奇，问耶奢阿罗汉："我这个女儿前世造了什么福德，手掌能生出金钱？"

耶奢阿罗汉回答说："她前世是您宫中的婢女，以扫地得到的一枚铜钱布施僧众，所以能成为大王您的女儿，并且手中金钱取之不尽。"贫穷卑下的婢女以拾到的一枚铜钱作布施，这样不起眼的善根成熟后，就感得了如此稀奇的果报。如果人们能了知这样的因果，相信人人都会精勤积累福德。

即便以造恶业的方式暂时获得了财富，但在有智慧的人看来，这种不清净的财富根本不值得羡慕。如果钱财的来源不清净，即使暂时收入很不错，最终也不会有任何实义。

2."我欲"是贫穷的标志

"我欲"是贫穷的标志。我的财富，并不是因为我拥有很多，而是我要求得很少。

——慧思法师

欲望，是生命体与生俱来的东西。无论是动物界还是植物界，都普遍存在着各种欲望：当一个人爱上另一个人之后，会不惜一切地想要得到对方；当一只素食的熊猫饥肠辘辘的时候，它会去主动捕杀其他动物；当一棵小草被石头压住时，它甚至会选择刺穿它……欲望在一定程度上促进了社会的发展和人们自我梦想的实现。但是，一个人的欲望是无止境的，如果管不住自己的欲望，任它随心所欲的发展，就必然会给自己带来痛苦和不幸。

托尔斯泰曾讲过这样一个故事：

有一个人对地主说他想要一块土地，地主看了看他，想了一下说："清早，你从这里往外跑，跑一段就插根旗杆，只要你在太阳落山前赶回来，插上旗杆的地都归你。"

那人开始拼命地跑，太阳快落山了，他还觉得自己的地不够宽。后来看时间不早了，于是就拼命地往回赶。结果，他是跑回来了，但已精疲力竭，一个跟头栽下去就再也没起来。后来，地主找了两个人挖了个坑，把他埋了。牧师在给这个人做祈祷的时候叹着气说："一个人要多少土地呢？再大又有什么用呢？"

一个人的欲望越多，他离幸福也就越远。多一分欲望就少一分幸福，相反，少一分欲望也就多一分幸福。生活中，我们很多时候之所以觉得自己活得累，其原因就是我们的要求太多，不断地索取，自然会身心疲惫。

曾有人问卡耐基："用什么方法才能致富？"

卡耐基回答："节俭。"

那人又问："现在谁是比你更富有的人？"

卡耐基脱口说："知足的人。"

那人反问："知足就是最大的财富吗？"

卡耐基想了一下，引用罗马哲学家塞尼迦的一句名言回答了他："最大的财富，是无欲。如果你不能对现有的一切感到满足，那么纵使你拥有全世界，你也不会幸福。"

生活，需要一定的物质做基础，但物质的索取必须有一个度。人的需求其实是很低的，我们根本没有必要让欲望成为我们心灵上的一颗毒瘤，让它禁锢我们的灵魂，将我们的幸福渐渐吞噬。人应该在满足自己基本需求的同时，尽可能地抑制住自己的欲望，不要让它无限制地膨胀。要知道，欲望就像气球，越大越诱人，但破灭得也越快——只有顺其自然的人，才会拥有一份属于自己的安宁的生活。

著名作家理察·卡尔森博士说："很多年前，我曾活得忙碌不堪，追求成就成为我一生的一切。我不断地做记录：今天完成了多少事，赚了多少钱……三餐总是无固定的场所，随便解决，总与自己比赛，看看自己可不可能赢得比别人更多的成就。"

然而，就在十几年以前他结婚那天，他最好的朋友却在前往参加自己婚礼的途中被一辆汽车撞死了。当时给他的心灵带来了沉重的打击。

之后，卡尔森博士的生活步调明显慢下来了，因为这个时候，他了解到了自己过去曾穷追不舍的那些东西，其实并没有自己想象的那么重要。

叔本华有句名言："生命是团欲望，欲望不能满足便是痛苦，满足了便是无聊，人生就在痛苦和无聊之间摇摆。"叱咤一世的亚历山大大帝临终时，曾吩咐他的部下，不要按照习俗把他的双手包裹起来，而是要让他的双手露在棺材外，让世人看到他的手中一无所有，以此告诫世人，像他这样并吞东西两个世界财富的人，到死的时候，也和任何人一样，带不走任何财富。

活着，不需要得到太多，不管在什么样的生活条件下，先摆正自己的心态，宠辱不惊地去生活。

3.名利荣誉都不是你的东西

岩松无心，风来而吟。

——禅偈语

很久以前，有一个年轻的剑客，他喜欢到处向成名的剑客挑战。因为他的剑术高超，所以顺利地击败了所有的对手。

年轻的剑客听说在某地住着一位有名的剑客，传说他是一位传奇人物，剑术绝妙，无人能敌。

于是,好胜的年轻剑客决定去向这位名剑客挑战。历经千辛万苦,他终于在一个山村里见到这位名剑客。

年轻剑客原本以为自己见到的会是一位相貌堂堂、气质出众的大人物,谁知对方竟是一个不修边幅、长相普通的老人,而且又瘦又小,一点也没有剑客的威风。更出乎他意料的是,老人的剑已经锈得无法再从剑鞘中拔出来了。

面对年轻剑客的挑战,老人毫不理睬,只管低头吃饭。正是盛夏,屋子里有好多苍蝇在嗡嗡乱飞,忽然,老人连眼皮都没有抬起,伸手用筷子从空中夹住了四只苍蝇,一字排开放在桌上,然后继续吃饭。

年轻剑客看得目瞪口呆,他的骄傲瞬间消失得无影无踪,他意识到自己的剑术根本不可能胜过这位老人。后来,他拜老人为师,潜心修炼,几年之后,他的剑也同样锈在鞘里。

剑是锈了,可是心境却更澄明了。

真正的争斗不是去打败别人,而是战胜自己。只会用身外物和别人一较高低的人,其实不明白真正有价值的东西是什么。

玛丽·居里出生在波兰华沙,1891年进入巴黎大学学习,1893年和1894年分别取得了物理学硕士和数学硕士学位。1895年,玛丽·居里与皮埃尔·居里结婚,开始了对放射性元素的研究。1898年7月,他们发现了一种新元素,命名为钋。同年12月26日,他们又发现了一种比铀的放射性要强百万倍的新元素镭。但是当时还没有实物来证明镭的存在,科学界对他们的发现表示怀疑,也没有机构同意为他们提供实验室做研究。

居里夫妇只好在一个简陋的大棚子里做实验,历经了四年的艰辛提炼后,他们终于从8吨沥青铀矿渣中提取了0.1克纯镭,价值超过1亿法郎。这不仅赢得了科学界人士的普遍认可,而且使他们成为核物理学的奠基人,并且居里夫妇因此共同获得了1903年诺贝尔物理学奖。

1907年,居里夫人提炼出了氯化镭。1910年,她测出了氯化镭的各种特性，并以《论放射性》一书成为放射化学的奠基人。由于对科学的执著与贡献，居里夫人于1911年获得诺贝尔化学奖。

在科学领域里享有盛名的居里夫人，生活上却极为简朴。曾有一位记者要采访她，当来到一所简陋的房子前，记者看到一个衣着简朴的妇人赤脚坐在台阶上洗衣服，他过去询问居里夫人的住处，当那妇人抬起头时，记者大吃一惊，原来她就是居里夫人。

当初发现了镭之后，居里夫妇讨论如何处理那些请求他们告诉提炼镭的方法和信件，整场交谈在五分钟之内就结束了。居里先生说："我们必须在两个途径中选择一个，一是无偿公开镭的提炼方法……"居里夫人说："这样很好，我赞同。"居里先生说："二是将提炼方法申请专利，以后任何人想提炼镭都要经过我们的同意，并且我们的孩子可以继承这一专利。"居里夫人不假思索地说："这违背了科学精神，我们还是选第一个办法吧。"于是，他们向世界公开了镭的提炼方法和其他相关资料。

有一位女性朋友去居里夫人家里拜访她，发现他的小女儿正拿着英国皇家科学院颁给居里夫人的金质奖章在玩，朋友大吃一惊，问道："你怎么能把这么宝贵的东西给孩子玩呢？"居里夫人回答："我想让孩子从小就懂得，荣誉就像玩具，只能玩玩而已，绝不能永远守着它，否则就将一事无成。"

居里夫人以高尚的情操和献身科学的精神教育孩子，她的女儿瑞娜后来也成为一名科学家，并像母亲那样获得了诺贝尔奖。

"一个人不应该与被财富毁掉的人交结来往。"这是居里夫人的名言，而她也正是这样做的，不让自己被名誉和财富毁掉。当初那价值超过1亿法郎的0.1克纯镭，对于生活极其简陋的居里夫人并没有造成任何影响，她坦然地将0.1克纯镭无偿赠给了实验室，这份视名利如浮云的豁达实在令人赞叹。

正是因为居里夫人懂得名利就像玩具一样，偶尔拿来玩玩还可以调剂生活，但若是抱住不撒手，生活反而会被它给毁了，所以她才能头脑清楚地将名利放在一边，在科学研究中享受莫大的人生乐趣。

谢先生在一家工艺品店看到一副对联，青花瓷字，镶在两片大板上，显得很突出，字体属草书，约是清朝中叶烧制的。问价钱，不便宜，他心想以后再买吧。过了半年，又路过那家工艺品店，青花瓷字对联还在，谢先生再次询问价钱，比原来要便宜一些，但他还是觉得贵了些，摸摸看看，许久才下决心离开。

又过了几个月，谢先生整理家具时忆起那一副对联，他又到工艺品店去。

谢先生一眼就看见，对联还放在老地方，他又一次问价，老板微笑着说了一个价格，谢先生实在诧异，顺口又问："怎么比第一次开的价钱少一半？"

实在是喜欢这副对联，价格又合适，谢先生这次毫不犹豫地就买下了。他将对联带回家，挂在客厅里，中间是达摩祖师的画像，右联"有忍乃有济"，左联"无爱即无忧"。远看近看都庄重，谢先生十分喜欢。

谢先生从此与老板熟悉起来，有一次，谢先生说："古董业有行无市，胡乱开价，不大好吧？"

老板说："没错，物件买卖总是如此，有人爱就有人抬，告诉你，那一副对联原价比卖给你的多一倍，知道为什么吗？"

谢先生摇摇头，老板说："有的商人看准了顾客的心理，现如今，爱情都买得到，何况是物件，所以啦，爱而不忍，只得花钱当冤大头。你说的有行无市，正是这样起因的……"

"对不起，"谢先生插话，"我想知道，为什么便宜卖给我对联？我并不特别，很平凡的一个人。"

老板哈一声："就是了，我也是平凡人。问题是，现在有太多自以为了不起的人，平凡人反而少见呢。"

谢先生一时无语。老板取换茶叶，茶壶空着，谢先生顺手拿来看，吃了一惊,茶壶是清朝的古董。老板将一捧茶叶放进茶壶,漫不经心的样子:"看出来啦?别玩儿茶壶,假货多,真货贵,让那些有钱人去玩儿吧,过几天也许就卖出去了,你不妨多看几眼但不必问价钱。"

老板倒水入壶:"我说呢,你做个参考吧,玩古董跟做人一样。记得,无忍则无济,有爱即有忧,这是倒过来思考,不是大哲理,却是很多人做不到的。"

几个月之后,谢先生再去那家店,发现店已关闭了,邻居说老板已经去世了。一个30岁左右的妇人说:"他啊,怪人啦!连钱都不爱,生前卖掉所有的古董,然后不久就去了。"

看看世间,有多少人正把玩具当成自己真正的人生死守不放呢?

禅偈语说:"岩松无心,风来而吟。"意思是说山岩上的松树不是有意摆出一副姿态来显示自己傲然独立的品质的,它静静地挺立在山岩上,当山风吹来的时候,松树枝叶呼应,在展现出自己的风采和风韵,风一停,它又恢复原来的自然姿态。

做人也是一样,名利荣誉都不是你内在的东西,是风吹来的,你应该以你本来的自然本色生活,就会摆脱一切烦恼,享受生活的快乐。

4.骑在虎背上追求权势的人,必然会被老虎吞到肚子里

凡是骑在虎背上追求权势的人,最后必然会被老虎吞到肚子里。世界上大部分的纷扰,都是那些想成为伟人的人搞出来的。

————圣严法师

我们之所以举步维艰，是因为背负太重，功名利禄常常微笑着置人于死地。正所谓："天下熙熙，皆为利来；天下攘攘，皆为利往。"名利就像是一副枷锁，束缚了人的本真，抑制了对于理想的追求。现代人生活在节奏越来越快的年代，有太多的诱惑，太多的欲望，也有太多的痛苦，因此我们的身心疲惫不堪。

庄子说："世人终生奔波于名利而不见有所作用，疲惫不堪而不知自己的归宿，太悲哀了。"

这里有一个著名的故事，庄子在河南濮水悠闲地垂钓。楚威王闻讯后，认为庄子到了自己的国境内，机会难得，于是速派两位官员赶赴濮水。来者向庄子传达了楚威王的旨意，邀请庄子进宫，愿将治理楚国的大业拜托给庄子。

庄子手持钓竿听毕楚威王的意图后，头也不回，他眼望着水面沉思片刻，说："楚国有神龟，死去已有三千年。楚王将它的骨甲装在竹箱里，蒙上罩巾，珍藏在太庙的明堂之上供奉。请问：对这只神龟来讲，它是愿意死去遗下骨甲以显示珍贵呢，还是宁愿活着，哪怕是在泥塘里拖着尾巴爬行呢？"

两位官员听完庄子的一番发问，不加思索地回答："当然是选择活着，宁愿在泥塘生存。"

庄子见他们回答肯定，回过头悠然地告诉两位官员："有劳两位大夫，请回禀楚威王吧，我选择活着！"

这篇寓言表现了庄子的人格高洁，不为徒有其表的名声、权势而放弃生命的自由。人生最可贵的是生命，生命最可贵的是自由。

面对楚威王的邀请，他选择了"泥塘"，不愿做祭奉于庙堂之上的"龟甲"，拒绝了在别人看来千载难逢的机遇，自由地坐在岸边垂钓，秀美的山水给了他无限的乐趣，和煦的清风给了他智慧的思考，他不为徒有其表的名声、权势而放弃生命自由，他笑对清贫的生活，笑对人间的功名，那是怎样的一种闲适呀！他安然的生活造就了"无己"、"无功"、"无名"的高洁，吟出了心如濮河般澄澈的"秋水"。

很多人出于对权力的贪婪与欲望，无时无刻不在费尽心思争取更多更高的权力，甚至为此可以决一死战。很容易突破道德良知的底线，甚至做出违法犯罪的事情。因此，古罗马历史学家塔西佗说："'权力欲'是一种最臭名昭著的欲望。"英国思想家霍布斯更是对"权力欲"作出了形象的描述："得其一思其二、死而后已、永无休止。"

中国古代权力斗争不断，篡位者为了达到自己的目的，可谓费尽了心机。昨天还是情同手足的亲人，今天却成了不共戴天的死敌。古代中国的宫廷政治史，就是一部骨肉相残，流血丹陛，烛影斧声，兄弟阋墙，弑父屠子，墙茨之丑的历史。皇室内部一次次的同室操戈，帝王贵胄的一颗颗人头落地，一代代家天下的专制皇权摆不脱魔咒，走不出怪圈，只能不断地复制着一幕幕血溅宫闱的惨剧……

人们以为有了权力就可以为所欲为，可以满足自己的欲望，像金钱、美女、名车、豪宅等应有尽有，还可以呼风唤雨、颐指气使。所以，有人为了权力可以不择手段，不惜一切。但是人们却没有看到，权力的获得往往是以人格的屈辱作为代价的，为了保持心理上的平衡，使自己从心灵上、情感上获得补偿，权力的拥有者会以加倍的专制和冷酷来役使那些意图从自己手中讨取利益的人，权力的角逐者永远陷入二重人格的痛苦、矛盾和分裂中……

一个人要以清醒的心智和从容的步履走过岁月，他的精神中就不能缺少气魄，一种视功名利禄如浮云的气魄。正所谓："良田万顷，日食几何？华厦千间，夜眠几尺？"即使生前万般积聚，富可敌国，但是到了死后，不过仅得数尺葬身之地，所以说，世间的一切功名财富都是过眼烟云。

不拘于物，是古往今来许多人一生的所求。视功名利禄如浮云，不必为过去的失去而后悔，不必为现在的失意而烦恼，也不必为未来的不幸而忧愁。抛开名利的束缚和羁绊，做一个本色的自我，不为外物所拘，不以进退或喜或悲，待人接物豁然达观，不为俗世所滋扰。烦恼和羁绊都是由于自己的不能舍弃或是看得太重而引起的。

5.无常的钱财是一种拖累

把无常的钱财带在身边，那实际上是一种拖累。

——慧律法师

能安于贫贱的人是有福之人，因为他们心里无财富的挂念，所以活得潇洒。而能在富贵中保持清心寡欲的更是有福之人，因为他们心里、眼里都无财富的挂碍，所以活得幸福。

人们往往被金钱迷惑了双眼，在欢乐的日子里，想不到痛苦的一面，唯有超卓的人才不至于堕落。

一位老居士的家中生了一个男孩，长得英俊端庄，父母非常疼爱。这孩子从小就聪明异常，和一般的小孩子完全不同。他在无忧无虑中快乐地度过了黄金般的童年。

居士家中的这个孩子，可是有高人一等的智慧。虽然他生长于安逸的环境中，但仍能了解人生的痛苦和罪恶。因此，他在成年以后，就辞亲出家当比丘。

有一次，在教化回来的森林里遇到一队商人，他们到外乡经商路过此地。当时已是傍晚，夕阳西下，商人们扎营住宿。比丘看到这些商人以及大小的车辆载着大量货物,并不关心,只管在离商队营帐不远的地方徘徊踱步。

这时从森林的另一端来了很多山贼。他们打听到有商队经过,就想乘夜幕降临以后劫掠财物。但当他们靠近商营的时候,却发现有人在营外漫步。山贼怕商队有备,所以想等大家都睡熟才好动手,然而营外巡逻的那个人,通宵不入营休息。天已渐亮了,山贼因无机可乘,只得气愤地大骂而走。

正在睡觉的商人,忽然听到外面的吵闹声跑出来看,只见一大队的山贼手执铁锤木棍往山上跑去。营外有一位出家人站在那儿。商人惊恐地走向前去问道:"大师! 您见到山贼了吗?"

"是的,我早就看到了,他们昨晚就来了。"比丘回答说。

"大师!"商人又向前问道,"那么多的山贼,您怎么不怕?独自一个人,怎能敌得过他们呢?"

比丘心平气和地说道:"各位!见山贼而害怕的是有钱人。我是一个出家人,身无分文,我怕什么? 贼所要的是钱财宝贝,我既然没有一样值钱的东西,无论住在深山或茂林里,都不会起恐惧心。"

比丘的话使众商人醒悟,他们认识到自己的凡俗,对世俗的金钱,大家肯舍命去争取,而对真实自由自在的平安生活,反而视若无睹。于是他们决心跟着这位比丘出家修行。

中国有句古话叫做:人生有三宝,丑妻、薄地、破棉袄。

因为贫穷,人才无恐惧心;因为贫穷,人才有上进心。艰难困苦是人生的一笔财富。它可以化无形为有形,并提醒你时刻保持冷静、清醒,正确对待有形的财富。

香港富豪徐展堂出身名门望族,幼年生活可说优裕富贵。但上天似乎有意要考验他。他13岁时,父亲生意失败,不久又染上肺痨去世。年幼的徐展堂一下子从蜜罐掉进了苦海。当时,徐展堂刚读完小学,无奈只好放弃升学，出来谋生，提起幼年时未有更多读书机会，徐展堂至今还感到遗憾。

年仅13岁的徐展堂不得不涉足社会，面对人生。他曾从事过多种低微的职业，如银行信差、卖"云吞面"、为商店翻新旧招牌、安排看更等。从十几岁至二十几岁这段期间，是他一生中最为艰苦奋斗的时间。

艰难的经历，不仅没有消磨他的意志，反而激发他的斗志。他不甘心久居人下，白天工作，晚间则上夜校进修，学习英语，大量阅读历史书籍和名人传记，从中汲取思想养分。

就这样，他终于成长为香港传媒界眼里的新星。

无财是一种福气，能很好利用财富的人同样享有这种福气，佛陀所说的断掉各种贪欲，并非是说让人变得无情无欲，而是说要消除人的不合理的有碍身心健康的欲望，从而完善人生，使人生更加幸福。

6.树立正确的财富观

> 说到财富，是我们每一个人所希望、所喜欢的，但是，财富对于每一个人，并不一定是最好的东西。
>
> ——星云大师

财富是一个人人生成功的重要标志，也是其社会地位的象征。商品经济的发展和市场体制规则的确立，为财富提供了崭新的定义，赋予了财富与以往截然不同的内涵，也刷新了我们对财富的认识和期待。正确的财富观，才是一个人最大的财富。

以前,一提到富人,总会凸显贪婪、剥削、为富不仁的丑恶面孔。财富总是与私有紧密联系在一起,像臭豆腐一样,让人"闻起来臭,吃起来香"。

无论处于什么样的社会形态下,人们对财富的心态都是非常复杂的,渗透了历史的和现实的多重因素。才能、付出和机遇的差异,决定着一个人创造财富与占有财富的不同程度和不同心态。有的人,对创造财富充满信心,对占有财富表露喜悦,即使对财富的占有者也常怀敬仰垂羡之心;有的人,对自己创造财富的能力与机会充满疑惑和失意,对财富的占有者心怀嫉恨之意,这是源于每个人不同的财富观。

在美国,一项调查显示,九成家长会重点教育孩子如何理财,25%的家长表示要让孩子从学会使用零花钱开始树立正确的财富观。无独有偶,根据英国最新教学改革计划,储蓄和理财课程从2011年开始成为英国中小学学生的必修课。他们都很重视培养积极健康的财富观。

反观国内,错误的财富观,似乎成为一些人脑海当中理所当然的观念。一部分人认为,自己的财富得益于创富时代提供的从业机会。他们会为了发财致富,不惜通过歪门邪道,偷税漏税,以不正当手段暴富;另一部分人却因为技术、资本、机遇、才能等原因被推向社会的高点。富起来的,要求追逐财富的自由不受发展时空的限制;在高点的,要求生存的愿望不受财富扩张的挤压,于是发生了情感愿望(实质是物质利益)的冲突,甚至产生了仇恨和报复的畸形心理,最终扭曲为绑架、枪杀等犯罪行为。

我们并不否认仇富心理的存在。问题在于,我们的这种仇富心理是怎么产生的?难道果真是一种骨子里存在的民族劣根性吗?

其实,在任何时代和任何民族,对财富的眼红都是一种必然心态,只是人们往往会自觉地找到平衡这种心理的借口,譬如把这种富人财富的拥有理解成对方巨大代价和艰苦努力的付出,祖辈打拼下的遗荫,等等。但是一旦自己替对方寻找的富裕的理由不能令自己信服,或者认为对方付出的富裕成本太过低廉，那种不公平感就会升级到仇视，仇富心理也就产生了。

在许多发达国家，富人自己花钱小心翼翼，但给社会捐款则争先恐后。相反，中国的许多富人只用财富界定自己的地位，而没有任何精神传统对其穷奢极欲进行制约。中国的富人在富起来之后，首先是要通过摆阔甚至是斗富来获取世人的艳羡，他们对财富的炫耀不是通过对穷人的捐助来实现的，而是要使自己的财富具体化和物质化。不但如此，中国的富人往往还会借助于财富带来的便利对穷人进行直接或者变相的欺压，这当然会使穷人不可避免地产生仇富心理，在仇富心理的作用下，一定不会有一个积极健康的财富观。

财富也不只是金钱。打个比方说，假如把荣誉、事业、财富、地位都比作0的话，健康就是前面的那个1。否则，即使拥有再多，也还是等于0。但我们经常意识不到这个简单的道理，为了挣钱毫不顾及身体。结果"年轻时以健康换金钱，年老时以金钱买健康"。可是，健康是金钱可以买来的吗？金钱可以换来最新的药品，换来精细的护理，但并不能保障我们的健康。

从另一个角度来说，我们为获取财富使健康遭受的损失固然是金钱无法弥补的，但我们为牟取私利而使心理遭受的伤害就更难以愈合。财富是有限的，欲望是无限的。我们为尽可能多地占有财富，在直接或间接地侵占了他人利益的同时，也使我们自己滋生出重重烦恼。这些内在的伤害或许不会在短时间显现出来，但它的影响却不会随着时间的流逝而消失。

积极健康的财富观教给人的是两方面内容：正确认识金钱；正确使用金钱。现实生活中有人一掷千金，自信"千金散尽还复来"；有人量入为出，担心"一分钱难倒英雄汉"。正是在对金钱的认识和使用过程中，人们养成了各自不同的财富观。

　　每个人都要学会像百万富翁那样去思考，这句话点出了财富观的关键之处。首先，要认识到天上不会掉馅饼，图书、巧克力、房子、汽车这些都需要用金钱去购买，而金钱需要通过个人努力的工作与奋斗去获得，所谓"君子爱财，取之有道"。其次，有了金钱以后要善于使用它，使它创造更大的价值。

　　树立正确的财富观，可以优化财富品质，消除仇富心理，共同创造和分享财富。正确财富观的树立需要我们明白什么是财富，如何才能创造财富，同时也需要尊重和加强财富的制度激励与引导。

　　"君子爱财，取之有道"。我们必须对财富有一个正确的认识。只有这样，我们才能懂得合法求财、合理使用；才能从容地驾驭它，而不是被它左右；才能成为财富真正的主人。

7.财富不属于拥有者，而属于享有者

　　一万块钱吃一顿不舒心的饭，不如一块钱开开心心地吃两个馒头，这就是拥有和享有的区别。拥有金钱、地位、美食等，仅仅代表着这些东西在法律上是你的，并不代表着你能够真正享受它们，是否能够真正感受到内心的幸福。

——星云大师

　　别人是大富豪，有亿万家财，可以建电影院、建图书馆、建公园；而我们是市井小民，但是我们可以看电影、看书，可以到公园去散步。我们不要一味地"占有"，也不要"拥有"，因为我们可以做到用心去"享有"。

很多人总是"拥有"，但无法"享有"。为了赚钱整天忙里忙外，早出晚归，为的就是过上好日子，可是日子变得越来越好，自己的心也变得越来越累，锦衣玉食、高楼广厦纷纷无福消受，或者也根本体会不到有任何独特的滋味。

有的人经过几年的奋斗，工资涨了起来，但生活追求也变得水涨船高，房子要住更舒适点的，车子要开更高级的，孩子要上昂贵的双语幼儿园，旅游要去国外的度假胜地……看起来生活质量是越来越好，但高收入，并不代表他们就能进入富人的行列，因为每个月要付的账单越来越高，开销越来越大，结果是他们对工作的依赖性也越来越强，要更加倍地工作才可以达成更大的目标。

所以许多人看起来是有钱人，但是他们根本说不上是真正的富人，因为他们在物质上富有了，在精神上却是空虚的。

一天，有个富翁经过一个小渔村，正好碰到一个渔夫打鱼回来，破旧的渔船上堆着一些刚打捞上来的鱼。富翁走向前去，夸渔夫打的鱼好并和渔夫聊了起来。

富翁问渔夫："你打这些鱼需要多长时间？"

"用不了多长时间。"渔夫说。

"那你为什么不多打一会呢？"

渔夫笑了："这些就足够吃了。"

富翁很奇怪，问："你每天剩下的时间都做些什么呢？"

渔夫想了一会说："我会领着孩子们玩一会儿，陪陪妻子，晚上到村子里和朋友们一起聊聊天，喝点酒……"

"噢，原来是这样，"富翁点点头，"我可以帮助你过上一种幸福的生活。"

渔夫不解地看着富翁。

富翁说道："你可以这么做：从今天开始，以后每天多打一会鱼，用多余的钱再买几条渔船,让这些船也继续多打鱼,这样过不了多久,你就会有一支自己的船队。然后把鱼直接卖给批发商,或者,你也可以自己把鱼批发出去,卖给内地的村民们,那里市场很大,非常需要新鲜的鱼,你的鱼在那里可以卖到高价。"

"这样需要多长时间呢?"渔夫问。

"15到20年吧。"

"这样看上去不错,然后呢,还有什么打算?"渔夫问道。

"以后你就可以过上一种幸福的生活了。"富翁接着说,"你可以回到海边,闲暇时到海边钓钓鱼,领着孩子玩一玩,或陪陪你的妻子、父母,晚上和你的朋友们喝喝酒、聊聊天,做什么都可以。"

"这就是幸福的生活呀!"渔夫反问富翁,"现在我每天不都是这样过的吗?我为什么要浪费20年时间去追求我已经拥有的生活呢?"

富翁听了无言以对。

"享有"比"拥有"贵重多了,因为人生有很多我们拥有不了的,但是我们却可以享有。宇宙星辰、山河大地、花开花谢、鸟啼虫鸣、金石古董、字书碑帖……不一定要将它拥入怀中,放之在浩瀚天界,展之在博物馆中,都可以令人享有。拥有的不一定会享有,会享有的不一定拥有。很有钱而不懂得使用的,还不如拥有适当的钱,懂得好好地使用它。

有一句名言叫:"财富不属于拥有者,而属于享有者。"拥有了物质并不代表就会快乐,有时我们得到了某一样物质的同时也可能失去我们最宝贵的东西,比如时间、健康。金钱重要的不是我们赚到了多少,也不在于有多么丰厚的存款,而是在于我们哪些钱花到了正确的地方,让我们感到愉悦和满足,这才是真正地享有生活。

8.善于合作的人，才能收获最大的财缘

> 待人不可任己意，当顺人情；处事不可任己见，当顺事理。
>
> ——《白话百喻经》

"四海之内皆兄弟"，"互相关心，互相爱护，互相帮助"，正在成为时代的风尚。但也要看到，有些地方过多地强调个人奋斗，而忽略了应该怎样与他人合作以取得成功，更忽略了如何在竞争中不伤害别人。目前一些人中流行"丛林哲学"的价值观，即所谓的弱肉强食、优胜劣汰。为了达到个人目的，可以不择手段，这无疑是极不可取的。要知道，竞争以不伤害别人为前提，竞争以共同提高为原则。竞争不排斥合作，良好的合作促进竞争。在竞争中互相帮助达到双赢才是目的。

有人说，堵塞别人的道路等于断了自己的退路！凡事留一线，这一线不光光是留给别人的，有时候，也是留给自己的。

一只狼发现了一个山洞，这个山洞是动物们去往树林唯一的通道。这只狼很高兴，觉得只要守住这个洞，那它不就衣食无忧了。于是它便等在山洞的另一头，等着动物们来送死。

第一天，来了一只羊。狼拼命地追了过去，可是这只羊发现了一个可以逃命的小洞，羊便从小洞中仓皇逃跑。狼气急败坏，于是堵上了这个小洞。

第二天，来了一只兔子。狼照旧拼命地追赶兔子。结果，兔子在危急时刻又发现了一个比昨天更小的洞，又从小洞中逃脱了。于是狼再次把类似的小洞全堵上了。

第三天，洞口出现了一只松鼠。狼奋力追捕，但是松鼠却还是找到了

一个比较小的洞口钻出去了。狼这次再也受不了啦,它疯狂地封住所有的洞,并且在上面糊上厚厚的泥巴,连一只小鸟都跑不了。它心想,这回可算是万无一失了吧!

第四天,一只老虎从洞口蹿了出来,狼被吓得拔腿就跑,可是所有的洞口都被它自己封死了,狼在里面找不到任何出路,最终被老虎吃掉了。

这只贪心的饿狼,因为没有留下丝毫的余地,所以也将自己置于死地,断送了自己逃生的希望。

据说韩国北部的柿农在收柿子的时候,经常会留下一些熟透的柿子给过冬的喜鹊,让它们在寒冷的冬季不至于挨饿,而受益的喜鹊则整天忙着捕捉果树上的虫子,从而也保证了来年柿子的丰收。

这是一个讲求"双赢"的时代,对手有时候也是伙伴,若是丝毫余地都不留,那恐怕也没有谁会与你合作交往了。

在印尼的苏门达腊岛上,生长着许多的咖啡树,岛上的居民都靠采集咖啡豆制作咖啡谋生。同时,岛上还生活着一种叫做棕榈猫的动物,平时以咖啡果为食。而且它们比人类更善于爬树,往往在人们还没有开始采摘时,那些最熟最圆润的咖啡果,就已经成为这些棕榈猫的美餐了。于是,为了生计,岛上的居民开始捕杀棕榈猫。

然而,有一天突然有人发现,那些棕榈猫的排泄物中,竟有很多没有消化的咖啡豆。原来,棕榈猫只是喜欢吃甜美的咖啡果实,但果实里的咖啡豆却因无法消化,所以就被排出了体外。

这个人就试着把这些咖啡豆收集起来,卖给经营咖啡的商人。没想到,人们在品尝到这些咖啡时,却震惊了。原来,棕榈猫的消化系统,对咖啡会产生特殊的发酵过程,使得原本很普通的咖啡豆,变得更加美味。

现实生活中也是如此,有时候为了别人的利益,可能会牺牲我们部分的利益,表面上看,我们是吃亏了,但是从大局来看,我们可能还是赢家。

蹩脚兔子因骄傲在第一次赛跑中失利之后,进行了深刻的反思后,并决心和乌龟作第二次较量，乌龟接受了蹩脚兔子的挑战，结果这次蹩脚兔子轻松地战胜了乌龟。乌龟很不服气，它主张再赛一次，并由自己安排制定比赛路线和规则，蹩脚兔子同意了。当蹩脚兔子遥遥领先乌龟而洋洋自得时，一条长长的河流挡在了面前，这下蹩脚兔子犯难了，坐在河边发愁，结果乌龟慢慢地赶上来，再慢慢地游过河而赢得了比赛。几番大战后，龟兔各有胜负，它们也厌倦了这种对抗，最终达成协议，再赛最后一次，于是人们看到了陆地上兔子背着乌龟跑，水中乌龟背着兔子游，最后同时到达终点……

中国有句俗话说得好："多个朋友多条道，多个敌人多堵墙。"这个道理是无所不在的。如果一个人树敌过多，不仅会让人迈不开步，即使是正常的工作，也会遇到种种不应有的麻烦。

要避免树敌，你首先得养成这么一个习惯，那就是绝不要去指责别人。指责是对别人自尊心的一种伤害，它只能促使对方起来维护他的荣誉，为自己辩解，即使当时不能，他也会记下你这一箭之仇，日后寻机报复。所以，要想收获，就必须学会交友，不要树立太多敌人，这样才可以和他人良好地合作。

生活中，不难发现，廉颇与蔺相如"将相和"的历史剧一直在演。廉颇自恃积功过人，多次故意见辱于后来居上的蔺相如，而后者见状忍让，不与为敌，不愿去争，直至后来廉颇负荆请罪演绎流传千古的"将相和"，只有善于合作的人才能收获最大的财缘。

第七章

福缘——最大的福气是清福

1.心底清静,不受外界环境干扰

> 人生的大戏不可能永远处于高潮,平平淡淡才是真,拥有淡
> 泊之心,便能拨云见日,否则,只能在生活的边缘徘徊,只能舍本
> 逐末。
>
> ——圣严法师

在生活中,有的人太敏感,别人的一句话、一个眼神,都会干扰他的情绪,影响他的心情,进而影响到他的工作和生活。诸葛亮说过:"非淡泊无以明志,非宁静无以致远。"只有心底清静,不受外界环境干扰,心无挂

碍，才能坚定自己的志向。

唐朝有一个有源和尚对佛律很有研究，听说慧海禅师在这方面也很有心得，便去拜访。

第一次去见慧海，他吃饭时狼吞虎咽，仿佛无人在旁。有源转身离去。

第二次去见禅师，他大白天正在睡大觉，呼噜打得连天响。有源又摇头离去。

第三次，慧海禅师没吃饭也没睡觉，请他相坐而谈。有源就问："和尚你修道还用功吗？"

禅师答道："用功。"

有源心想"真是大言不惭"，便又问道："请问和尚是如何用功的？"

慧海禅师知道问话的含义了，便说："饿了就吃饭，困了就睡觉。"

"难道人们都像你这样用功吗？"

"不同"，禅师答道，"有些人该吃饭的时候不肯吃，该睡觉的时候不肯睡，千般计较，所以是不同的。"

一个人如果能抛开杂念，就能在喧闹的环境中体会到内心的平静。

人人向往平静，然而，生活的海洋里因为有名誉、金钱、房子等的诱惑而难得宁静。许多人整日被自己的欲望所驱使，好像胸中燃烧着熊熊烈火一样。一旦受到挫折，一旦得不到满足，便好似掉入寒冷的冰窖中一般。生命如此大喜大悲，哪里有平静可言？人们因为毫无节制的狂热而骚动不安，因为不加控制欲望而浮沉波动。只有明智之人，才能够控制和引导自己的思想与行为，才能够控制心灵所经历的风风雨雨。

有一个小和尚，每次坐禅时都幻觉有一只大蜘蛛在他眼前织网，无论怎么赶都不走，他只好求助于师父。

师父就让他坐禅时拿一支笔，等蜘蛛来了就在它身上画个记号，看它来自何方。小和尚照师父交待地去做，当蜘蛛来时他就在它身上画了个圆圈，蜘蛛走后，他便安然入定了。

当小和尚做完功一看，却发现那个圆圈在自己的肚子上。原来困扰小和尚的不是蜘蛛，而是他自己，蜘蛛就在他心里，因为他心不静，所以才感到难以入定，正像佛家所说："心地不空，不空所以不灵。"

在生活中我们产生的烦恼、痛苦、绝望、发怒或者从容、自在、快乐、闲适之类的感受，都源于我们的心。任何事情都可能会像"大蜘蛛"一样来骚扰我们，无论何时我们的心都会对我们的情绪进行影响，或悲或喜，或烦恼或自在，进而对我们的生活产生影响，有"大蜘蛛"不可怕，关键在于我们能够看清楚它们，并把它们赶跑。

是的，环境影响心态，快节奏的生活，无节制地对环境的污染和破坏，以及令人难以承受的噪声等都让人难以平静，环境的搅拌机随时都在把人们心中的平静撕个粉碎，让人遭受浮躁、烦恼之苦。然而，生命的本身是宁静的，只有内心不为外物所惑，不为环境所扰，才能做到像陶渊明那样身在闹市而无车马之喧，正所谓"心远地自偏"。

2.身边的幸福最容易被忽略

福不可以享受到尽头，假如福享受尽了，幸福和快乐的泉源就会枯竭。

——法演禅师

雪峰、岩头、钦山禅师三人结伴四处参访、弘法。有一天行脚经过一条河流的路边，远处山腰处是星星点点的房子，三人正计划要到何处托钵乞食时，看到河中从上游漂下一片很新鲜的菜叶。

钦山说："你们看，河流中有菜叶漂流，可见山腰处的人家正在准备饭食，我们走过去，就能刚好享用。"

岩头说："这么完好的一片叶，竟如此让它流走，实在可惜！"

雪峰点头赞许道："如此不惜福的村民，不值得教化，我们还是到别的村庄去乞化吧！"当他们三人你一句、我一句地在谈论时，看到一个人匆匆地从上游那边跑来，问道："师父！您们有没有看到水中有一片菜叶流过？因我刚刚洗菜时，不小心一片菜叶被水冲走了。我现在正在追寻那片流失的菜叶，不然实在太可惜了。"

雪峰等三人听后，哈哈大笑，不约而同地说道："这必定是一个惜福之人，那我们就去他家为他添福吧！"

常常有人说："我为什么这么不幸，为什么感觉不到幸福？"其实身边的幸福是最容易被忽略的，虽然没有黄金万两却有亲人的问候，虽然没有身居高位但是生活轻松自得，虽然诸事不能如愿但是身体健康，年纪尚轻……这些都是我们应该珍惜的幸福，有多少人已经忘记了给自己的家人多多问候，有多少人拼命工作却累坏了身体，又有多少人总是觉得自己不幸福，让身边的人不愉快。

宋代的高僧法演禅师说得好："福不可以享受到尽头，假如福享受尽了，幸福和快乐的泉源就会枯竭！"所以，要好好爱惜我们的福。人世间，没有灾殃祸患就是福，无奈很多人身在福中不知福，铺张浪费，追求物质，"吃着碗里瞧着锅里"，不断追求，到了手又不珍惜，如此恶性循环。

樵夫上山砍柴的时候捡回来一只受伤的漂亮的银鸟，他非常喜欢这只银鸟，一直悉心照料它伤口痊愈，银鸟每天鸣叫，声音极为好听。有一天，樵夫的一个朋友说他见过金鸟，比银鸟更好看，叫声更好听，樵夫便开始茶不思饭不想地想得到金鸟，便冷落了银鸟。银鸟见状便朝着夕阳飞去，这时樵夫才发现在夕阳的照射下银鸟变成了金鸟，顿时后悔不已。

与其日后追悔莫及，不如好好珍惜当下，我们身边的一草一木、一个小物件都需要我们来珍惜。珍惜这份福,才能体会到更多的福。

日本著名作家、艺术至上主义者芥川龙之介说:"希望自己的人生过得幸福和快乐,必须从日常的琐事爱起。"做一个平凡的人,每天夜晚结束了一天的工作生活,躺在床上,看看身边静静入睡的孩子,听听窗外虫鸣啾啾,轻风掠过,想着又平平安安地度过了一天,难道不是一种幸福吗?

不要渴望自己能够摇身一变,成为一位伟人,凡事需要从平凡做起,懂得平凡,安于平凡的人最终才能够在自己的工作领域内,取得良好的成绩——正如海尔集团首席执行官张瑞敏说的那样:"把每一件简单的事做好就是不简单!把每一件平凡的事做好就是不平凡!"

对幸福的要求不要过高,把点滴生活里最平凡的幸福收集好,当幸福的感觉来临时,找个笔记本将那种瞬间的幸福体验记录下来。就这样一路收集,失意的时候想想曾经的那些美好的幸福时光,心灵就会豁然开朗起来。

3.在智者的眼里,痛苦是福

对于智者来说,生命中的每一次拔高,都缘于脚下有一把坚实的梯子——痛苦。

——弘一法师

有些人经常把不幸的事挂在嘴边。他们在逆境中总是固执地认为是命运在这里与自己过不去。他们的抱怨总是过分强调外在因素,而未能从自身主观因素上查找失误原因，而对于不幸的命运，越是抱怨，就越觉得痛苦。现实社会中，每个人都应该深刻地认识到，生命的整体是相互依存的，每一种东西都会依赖其他一些东西存在。

其实一个人的潜能是无法估量的，之所以平常没有显现出来，那是因为我们处在良好的环境之中。如果我们遭受到巨大的困难和打击，自身的潜能就会自然地被激发出来。

弘一法师说："在智者的眼里，痛苦是福，没有痛苦，则无欢乐。因为欢乐与痛苦是双胞胎，痛苦是欢乐的亲兄弟。躲避痛苦的亲吻，欢乐也失去了甜蜜的本味。没有痛苦，生活将不是五色；没有痛苦，便不懂人生百味的真正沧桑。享受痛苦时，生命不再是单纯的苦涩，痛苦使原本平庸的生活更耐咀嚼。"

一位外国的制造乐器的匠人曾说过，他制作乐器选材从不选择那些光光溜溜一帆风顺成长出来的材质。他跋山涉水，专门找寻那些被火烧过、雷击过、虫蛀过……总之，是遭受外力因素摧残过的材质。这样的木材做成的乐器，常常能发出非比寻常的声音，达到意想不到的效果。我们中国古代焦尾琴的来历，也很好地说明了这一点。

由木材想到人，那些在顺境中长大的人，他们优越而幸福，但像一杯甜甜的糖水，少了许多让人回味的东西；而那些历经了磨难的人，却像一杯清茶一样，茶叶因沸水冲泡才释放出深蕴的清香，生命也只有在历经挫折后，才能放射出异样的光彩。

而人自从有了生命，便沉浸在恩惠的海洋里。一个人只有真正明白了这个道理，就会感恩大自然的福佑，感恩父母的养育，感恩师长的教诲，感恩亲友的关爱，感恩食之香甜，感恩衣之温暖。就连苦难逆境，就连伤害自己的人，也不忘感恩，因为真正促使自己成功，使自己变得智慧勇敢、豁达大度的，不是优裕和顺境，而是那些常常置自己于死地的打击、挫折。对于智者来说，生命中的每一次拔高，都缘于脚下有一把坚实的梯子——痛苦。

鉴真14岁时被智满和尚收为沙弥，做了大云寺内很多僧人都不愿做的行脚僧。刚开始的时候，鉴真感觉到做行脚僧非常辛苦，经常不能按时起床出去化缘。

有一天，已经日上三竿了，智满师傅发现鉴真依旧没有起床，就去叫鉴真起床，并问他："鉴真，你怎么还不起来呢？"

"师傅，我刚剃度才一年多，就穿烂了这么多的鞋子，做行脚僧太苦了！"鉴真指着自己床前一堆破破烂烂的芒鞋说。

听鉴真这么一说，智满师傅马上就明白了是怎么回事。他微微一笑，对鉴真说："你随我到寺前的路上走走看看吧。"

大云寺前面是一座黄土坡，由于刚下过雨，雨水把黄泥水冲到了寺前的路面上，致使路面泥泞不堪。

智满和鉴真两个人站在寺前的空地上，拍着鉴真的肩膀说："我记得你昨天在这条路上走过，你留下脚印了吗？"

鉴真不解地看了智满师傅一眼，摇了摇头说："昨天，这条路又平又硬，我哪能留下自己的脚印呢？"

"今天呢？如果你今天再在这路上走一遭，你能找到你的脚印吗？"

鉴真说："当然能了。"

"为什么？"

"这还不清楚吗？只有泥泞的道路才能留下深深的脚印呀！"说到这里，鉴真突然自己开悟了，他转过身来对智满师傅说，"师傅，弟子明白了！要想修炼成佛，必须经历苦难。"

的确，当大多数人忙着收获欢乐和幸福的时候，有些人却忙着收获痛苦，当然收获痛苦并不是生存的必须，没有痛苦，人们可以继续活着，而且活得更加安逸。痛苦只是对少数人来说是生命的必须，对于这些人来说，品味痛苦，享受痛苦，是一种自觉，是一种嗜好，是一种意境。

痛苦是智慧的第一抹曙光。造物主之所以这样安排，是因为人生的许多道理，不是靠聪明就能够理解的，而是要靠痛苦后的彻悟。如果说欢乐是朋友的话，痛苦则是老师；如果说欢乐带来聪明和纯真的话，痛苦则带来深刻和成熟。

痛苦和欢乐一样，它让我们的生命增加韧性，我们从欢乐中迷失的，往往能从痛苦中找回来。痛苦是上苍对我们的爱，他希望我们成长、感悟，能够体会和珍惜幸福，能够以同情之心对待他人，能够手洁、心清、爱人如己、满足、感恩。

4.忍耐是人生的增上缘

忍辱，不但是要忍受别人给予的辱，同时更要忍自己遭遇的境，要于穷困痛苦的逆境中，忍颓丧卑贱之念不生；于富贵顺利的佳境中，忍骄矜沉迷之念不生；于不顺不逆、万法生灭的常境中，忍随俗浮沉之念不生。

——净空法师

佛家把忍耐作为修行必须经历的过程。一个想修佛的人不但要学会忍，而且要时时记住忍，把忍耐作为磨砺生命的第一要务。

俗话说"忍"字头上一把刀，忍就像拿刀割自己的心一样，是很痛苦的事情。但是人类为了生存必须学会忍，忍耐是人类适应自然选择和社会竞争的方式。一时不能忍，铸成大错，不仅伤人，而且害己，此为匹夫之勇。弘一法师说："己性不可任，当用逆法制之，其道在一'忍'字。"

在有的人眼中,忍耐常常被视为可欺。我们中国人认为忍耐是一种修养,一种美德。忍耐能够磨练人的意志,使人处事沉稳,面临厄运泰然自若,面对毁誉不卑不亢。

月船禅师是一位善于绘画的高手,可是他每次作画前,必坚持购买者先行付款,否则决不动笔,这种作法,社会人士经常有微词批评。

有一天,一位女士请月船禅师帮她作一幅画,月船禅师问:"你能付多少酬劳?"

"你要多少就付多少!"那女子回答道,"但我要你到我家中当众挥毫。"

月船禅师允诺跟着前去,原来那女子家中正在宴客,月船禅师以上好的墨为她作画,画成之后,拿了酬劳正想离开。那女士就对宴桌上的客人说道:"这位画家只知要钱,他的画虽画得很好,但心地肮脏,金钱污染了它的善美。出于这种污秽心灵的作品是不宜挂在客厅的,它只能装饰我的一条裙子。"

说着便将自己穿的一条裙子脱下,要月船禅师在上面作画。月船禅师问道:"你出多少钱?"

女士答道:"哦,随便你要多少。"

月船开了一个特别昂贵的价格,然后依照那位女士要求画了一幅画,画毕立即离开。

很多人怀疑,为什么月船禅师只要有钱就好?受到任何侮辱都无所谓的月船禅师,心里是何想法?

原来,在月船禅师居住的地方常发生灾荒,富人不肯出钱救助穷人,因此他建了一座仓库,贮存稻谷以供赈济之需。又因他的师父生前发愿建寺一座,但不幸其志未成而身亡,月船禅师要完成其志愿。

当月船禅师完成其愿望后,立即抛弃画笔,退隐山林,从此不复再画。他只说了这样的话:"画虎画皮难画骨,画人画面难画心。"钱,是丑陋的;

心，是清净的。

忍耐是事业成功的奠基石。吃得苦中苦，方为人上人。忍耐能让你超越平庸，让你的寻常人生闪烁光彩。只要你真有能耐，能默默忍耐这一切，不向命运低头，命运是会向你低头的。

忍，不要用力，用力去忍的忍，是不长久的忍。有力者，"先忍之于口"，不在语言上和人计较；"再忍之于面"，脸上没有不悦的表情；"后忍之于心"，以慈悲心、平等心包容怨恨、差别。

山里有座寺庙，庙里有尊铜铸的大佛和一口大钟。每天大钟都要承受几百次撞击，发出哀鸣。而大佛每天都会坐在那里，接受千千万万人的顶礼膜拜。

一天夜里，大钟向大佛提出抗议说："你我都是铜铸的，可是你却高高在上，每天都有人对你顶礼膜拜、献花供果、烧香奉茶。但每当有人拜你之时，我就要挨打，这太不公平了吧！"

大佛听后微微一笑，安慰大钟说："大钟啊，你也不必羡慕我，你可知道吗？当初我被工匠制造时，一棒一棒地锤打，一刀一刀地雕琢，历经刀山火海的痛楚，日夜忍耐如雨点落下的刀锤……千锤百炼才铸成佛的眼耳鼻身。我的苦难，你不曾忍受，我走过难忍的苦行，才坐在这里，接受鲜花供养和人类的礼拜！而你，别人只在你身上轻轻敲打一下，就忍受不了了！"大钟听后，若有所思。

忍受艰苦的雕琢和锤打之后，大佛才成其为大佛，钟的那点锤打之苦又有什么不能忍受的呢？

有人把忍耐分为三个层次：一叫外忍，为生计忍受，乃至适应诸多环境因素，但不能为外在环境所同化；二叫内忍，对自身产生的贪、忿、痴等，能自醒、自重、自制，独善其身；三叫忍无可忍，即是将"忍"作为人生的常态，悟得真谛，识得真相，把握主动，随遇而安，得之淡然，失之泰然。此可谓"忍"的最高境界。

所以，忍辱者能增长其力，养成平等互融之心境。净空法师亦言："忍辱，不但是要忍受别人给予的辱，同时更要忍自己遭遇的境，要于穷困痛苦的逆境中，忍颓丧卑贱之念不生；于富贵顺利的佳境中，忍骄矜沉迷之念不生；于不顺不逆、万法生灭的常境中，忍随俗浮沉之念不生。"

5.上界的福报——清福

不要用贪婪、嗔怒、愚痴的眼睛看这个世界，别忘了你还有美丽、智慧、悲悯、宽恕的另一只眼。

——慧律法师

我们毫无选择地来到这个世界，从懂事开始便背负起各种压力：学业的压力、出人头地的压力、生存的压力、情感的压力、各种责任的压力……

于是，我们努力将自己变得聪明，希望将纷繁复杂的问题解决于无形之中；凡事我们要更明白，不能稀里糊涂，判断失误；我们要努力攀上一个个高峰，虽然那里高处不胜寒，却能一览众山小，博万人仰慕；我们为自己定制了无数个目标，它们大得出奇，只要一举成功，我们就能成为浪尖上的人物。于是，我们给自己施加压力，忙啊忙，争取啊争取，攀越啊攀越……可是，人生不如意十之八九，努力未必就能换来收获，付出未必就能得到回报，期望的高度未必攀登就能到达，累死累活，费心劳力，最终可能还是两手空空。

于是，我们痛苦、愤怒、绝望，整日唉声叹气、烦恼苦闷、自我贬毁。原本鸟语花香的人间天堂，被我们过成了暗无天日的灰色地狱。

随遇而安，自在洒脱

曾有位国王一直很郁闷："要是我能像神仙一样每天不用为衣食发愁，还可以四处云游，逍遥自在，那该多好啊！"面对着案桌上要批阅的文书，他皱着眉头，自言自语道："日理万机的生活真是好辛苦啊！"于是，他走出宫廷，到宽大的御花园里散心。

让他感到惊诧万分的是，原本生机盎然的花园现在却一派萧条，花和树都枯萎了。

"你昨天不是还好好的吗？今天怎么就枯萎了？"国王对橡树说。

"我没有松树那么高，于是我一直不停地往上提升自己，结果，我的根脱离了孕育我的土壤……"橡树有气无力地说。

"可是，松树，你为什么也死了呢？"国王好奇地问松树。

"我不能结和葡萄一样的果子，终日难过，不久就气死了！"国王听了感到很诧异。

然后，他更加诧异发现葡萄也蔫儿了，连忙问道："连松树都羡慕你，你怎么也气息奄奄了啊？"

"您看，我一直不停地拼命生长，可还是不能开出郁金香那样美丽的鲜花……恐怕我就要抑郁而死了……"

让国王欣慰的是，在他的脚旁边生长着一棵茂盛的小草，他差点就把它踩在了脚底下。

"小家伙，你叫什么名字？"

"我叫心安草。"小草摇头晃脑地回答。

"别的植物都枯萎了，只有你还在茁壮地生长，这是为什么呢？"

"因为我只想安心地做一棵安心草啊！"

只有安心享受自己的生活乐趣，才能生活得很好，即使自己是默默无闻的。为什么我们不想得明白点、透彻点？我们努力打拼、积极争取、拼命想要的，其实不过浮云一缕，百年后你能带走什么？是功名吗？财富吗？事业吗？虚名吗……不！一样也没有。我们赤条条地来到这个世界，又赤条条地离开。我们只是走了一段路,沿路做了一些事。随着你的消失,你做过的一切也都将烟消云散。

我们总是争强好胜,总想事事第一,总想拥有最多,总想天底下所有的好事都是自己的,于是,我们不停地争啊、抢啊。可是,争取得越多想要得越多,拥有得越多越不满足,所以,我们眼红、生气、抱怨、上火。拥有那么多,快乐那么少。这世上的东西,你生不带来死不带去,何苦把过程做成算术题?

有一天,在一个小镇上,一位90多岁的老人要过生日,很多人都来祝贺这位寿星,连当地的记者也来了,老人自豪地对记者说:"我是这儿最富有的人。"

政府的一位税收人员听说了这件事后,觉得很是疑惑,因为自己工作这么多年来,从来没有从老人那里收过任何的所得税。

为了弄清事情的真相,税收员找到老人的住所,问他:"听说您是本地最富有的人,这是真的吗?"

"当然。"老人爽朗地回答道。

税收员这才仔细地观察了一下老人住的房子,但是怎么看也不像是富有人家该有的样子。于是,税收员就接着问:"您能告诉我您具体有多少资产吗?"

老人说:"身体健康是我的第一项财富,别看我现在已经90多岁了,我的健康状况可未必会输给那些小伙子们。"

对老人的回答,税收员有些惊讶,他接着问:"那您还有其他财富吗?"

"跟我一起生活了60多年的贤惠妻子也依然健在,我的孩子们聪明又孝顺,好多人都很羡慕我呢!"

"您有银行存款或其他有价证券吗?"税收员又问。

"没有。"老人十分干脆地回答。

"那除了这所房子,您还有其他不动产吗?"税收员不死心地问。

老人仍然回答说没有。

税收员肃然起敬。"老人家，您的确是我们本地最富有的人，并且您的财富是谁也拿不走的。"他真诚地说。

弘一法师说："真正的福报是什么呢？清净无为。心中既无烦恼也无悲，无得也无失，没有光荣也没有侮辱，正反两种都没有，永远是非常平静的，这个是所谓上界的福报——清福。"

把一切看淡点，看轻松点，看无所谓点：不管别人有多少房，有一间能容我之身就够了；不管别人有多少财富，我只要有一点能保暖果腹就行了；不管别人达到了怎样的高度，我的脚步不停，每日攀登一点就好了！我不与人攀比，只是量丈自己的能力，做自己力所能及的事情，达到自己想要的目标。达不到，也不灰心，不气馁。"身是菩提树，心如明镜台。时时勤拂拭，莫使惹尘埃。"拂去心境上的尘埃，能使我们的生活更觉清爽无阻。

6.厚植善因，必能福慧圆满

吾人欲得诸事顺遂，身心安乐之果报者，应先力修善业，以种善因。若唯一心求好果报，而决不肯种少许善因，是为大误。

——延参法师

人的事情之所以做得顺利，能得到很多人的帮助，是因为这个人以前做过很多好事，也帮助过别人。因此，若想得到好的果报，不肯先付出是不可能的。这正如农夫种地，想有好的收成却不先辛勤种地，可能吗？所以，我们若想事情有好的结果，就应该先付出，这样才会有相应的收获。福祸也是如此，塞翁失马，焉知非福。有时候因为自己的缺憾，反而为自己带来益处，生活就是这样存在着因果福报的。

播种善因，收获善果。勿以善小而不为，勿以恶小而为之，只要我们每天做一些力所能及的善行，将来必定收获福报。

战国时期，楚庄王赏赐群臣一起共欢饮酒，由他的宠姬在旁作陪。日暮时分正当酒喝酣畅之际，灯烛被风吹灭了。这时有一个人因垂涎于楚庄王宠姬的美貌，加之饮酒过多，难于自控，便乘烛火熄灭之机，抓住了美姬的衣袖。

美姬一惊，奋力地挣脱，并顺势扯断了那个人头上的系缨，私下还对楚庄王说一定要查明此事，严惩此人。楚庄王听后沉思片刻，心想："赏赐大家喝酒，让他们喝酒而失礼，这是我的过错，怎么能为女人的贞节辱没将军呢？"于是他命令左右的人说："今天大家和我一起喝酒，如果不扯断系缨，说明他没有尽欢。"于是群臣们都扯断了自己帽子上的系缨，待掌灯以后，大家继续热情高涨地饮酒，一直饮到尽欢而散。

过了三年，楚国和晋国开始打仗，那个时候有一个臣子常常是冲在最前边，带领着军队一次一次地打退敌人，最后取得了胜利。庄王感到惊奇，忍不住问他："我平时对你并没有特别的恩惠，你打仗时为何这样卖力呢？"他回答说："我就是那天夜里被扯断了帽子上缨带的人。"

正因为楚庄王给臣子留了余地，才换来了下属的忠心耿耿，这就是留余地的精妙之处。

弘一法师说："我们要避凶得吉，消灾得福，必须要厚植善因，努力改过迁善，将来才能够获得吉祥福德之好果。如果常作恶因，而要想免除凶祸灾难，哪里能够得到呢？所以第一要劝大众深信因果了知善恶报应，一丝一毫也不会差的。"

有的人"事不关己，高高挂起""只扫自家门前雪，不管他人瓦上霜"，不与人结缘，当然也不会有好运气。有的人，只要心有余力，就热心助人，不求回报，好运自然会降临，让他平安顺遂。想要有福报，必须先播撒福报种子，有善因才有善果，所谓"助人者，人恒助之"，多种一点善因，就多收一点福报。

世间的得失与取舍关系都是相通的，都符合因果循环。生活中，有因必有果，种善因，得福报。有失才有得，想要取必须先给予。要想得福报，必须先种善因，有付出才能有回报。"取"与"予"之间并不是相互对立的，如果我们只是一味地想去索取，那么，我们将活在地狱；倘若我们懂得"先予而后取"的道理，那么，我们便生活在天堂。

有人和佛陀在谈论天堂和地狱的问题。佛陀对这个人说："来吧，我让你看看什么是地狱。"他们走进一个房间，屋里一群人正围着一大锅肉汤。每个人看起来都营养不良，一脸的绝望。他们每个人都有一把可以够到锅里的汤勺，但汤勺的柄比他们的手臂还长，自己没法把汤送到嘴里，他们看上去是那样的悲哀。

"来吧，我再让你看看什么是天堂。"

佛陀把这个人领入另一个房间。这里的一切和上一个房间没什么不同。一锅汤、一群人、一样的长柄汤勺，但大家都在快乐地歌唱。

"我不懂，"这个人说，"为什么一样的待遇与条件，他们快乐，而另一个房间的人们却很悲哀呢？"

佛陀微笑着说："很简单，在这里他们会喂别人，会相互帮助。"

天堂与地狱的区别其实很简单，他们的区别就是生活在天堂的人知道"欲取先予"，而生活在地狱的人只懂得"各取所需"。可见，助人才能助己，生存就是生活，一个不懂得与他人合作的人就等于把自己送进了地狱。

经上说："善恶之报，如影随形；三世因果，循环不失。此生空过，后悔无追！"所以我们应该正视因果循环，厚植善因，必能迎来福慧圆满的生活。

我们也不必羡慕别人的福报比我大，也不必研究别人的福报从哪里来，胡适之先生说："要怎么收获，先要怎么栽。"已经种下善因的种子，自然能收到福报的果实。

7.大胸襟者,方有大福慧

你不喜欢他,不代表他不存在。你将厌恶写在脸上,或者说话爱答不理,甚至是恶声恶气,只能说明你气量狭小。能容得下不喜欢的人,并与之和睦相处体现的不只是一个人的修养,更是一个人的气度和胸怀。

——海涛法师

无论是在从商过程中还是工作生活中，我们每天免不了要与形形色色的人打交道,在这些人中，难免会有自己不喜欢的人。比如你讨厌的老板,你不喜欢的长辈,你厌恶的同事,甚至与你素不相识的人。如果你与他们个个都要较真,你一天真的不知道要得罪多少人,也不知道要生多少气。

我们早就不是单纯的孩子，至少要懂得与人为善，不轻易树敌的道理,遇到不喜欢的人,适当的忍让,保持表面关系上的和谐,才能顾全大局。我们要清楚,在当今这个社会,很多事都必须通过跟人打交道,通过团队协作才能拿到想要的结果。

一位小和尚外出办事,在返回途中,突然雷声隆隆,下起了大雨。大雨滂沱，看样子一时不会停止。小和尚心急四望，忽然发现不远处有一座庄园，便立刻飞跑过去避避风雨。

因天已是傍晚，此处离寺庙还有很长一段路。小和尚就打算请求庄园的主人借宿一晚。

守门的仆人见是个小和尚敲门，问明来意，冷冷地说："我家老爷向来和僧道无缘，你最好另作打算吧！"

"雨这么大，附近又没有其他的小店人家，还是请您给个方便。"小和尚恳求。

"我不能擅自作主，等我进去问问老爷的意思。"仆人入内请示，一会儿出来，仍然不肯答应，和尚只好请求在屋檐下暂歇一晚，结果，仆人依旧摇头拒绝。

小和尚无奈，便向仆人问明了庄园主人名号，然后冒着大雨，全身湿透奔回了寺庙。

几年后，庄园老爷纳了个小妾，对其宠爱有加。小妾想到庙里上香祈福，老爷便陪着一起出门。到了庙里，老爷忽然瞥见自己的名字被写在一块显眼的长生禄位牌上，心中纳闷，找到一个正在打扫的小和尚，向他打听这是怎么回事。

小和尚笑了笑说："这是我们住持三年前写的，有天他淋着大雨回来，说有位施主和他没有善缘，所以为他写了一块长生禄位。住持天天诵经，希望能和那位施主解冤结、添些善缘，至于详情，我们也都不是很清楚……"

庄园老爷听了这番话，当下了然，心中既惭愧又不安。后来，他便成了这座寺庙虔诚供养的功德主，香火终年不绝。

虽然人的某种本能趋势就是与自己喜欢、欣赏的人靠近，而远离那些自己不喜欢、不愿意打交道的人，但是，生活中没有那么多的随心所欲，由于各种各样的原因，我们经常要与自己不喜欢的人，甚至是与自己相敌对的人打交道,这就需要用到一些技巧:用真诚的态度对待每一个人,包括你不喜欢的人。

被后世誉为"全世界最伟大的矿产工程师"的哈蒙从著名的耶鲁大学毕业后,又在德国弗莱堡攻读了3年。当毕业后的哈蒙向美国西部矿业主哈斯托求职时,脾气执拗、注重实践、不太信任专讲理论人员的哈斯托说:"我不喜欢你的理由就是因为你在弗莱堡做过研究,我想你的脑子里一定装满了一大堆傻子一样的理论。因此,我不打算聘用你。"

这时,哈蒙没有怒气冲冲地为此事争执,反而假装胆怯,对哈斯托说道:"如果你不告诉我的父亲,我将告诉你一句实话。"当哈斯托表示守约后,哈蒙便说道:"其实在弗莱堡时,我一点学问也没有学回来,我尽顾着实地工作,多挣点钱,多积累点实际经验了。"

听完哈蒙的回答,哈斯托连忙笑着说:"好!这很好!我就需要你这样的人。"

学会和不喜欢你的人相处,并不如想象中之难,摒除自己的偏见是最关键的。不喜欢某些人也并不代表一定就要完全讨厌对方,只要我们试着摆正心态,主动一点,就一定会将可能形成的敌对局面变成一片和谐。

(1)要增加接触的机会,对对方好一些。也许你选择躲避这些人,但多接触也许会改善关系。

(2)不要来硬的,要投其所好,如果对方喜欢喝点小酒,那么就私下请他喝点,如此可改善关系。

(3)是要主动地活跃气氛,大家在一起相处的时候,多讲讲笑话,大家一起乐一乐,虽然这样做可能不太容易。

(4)保持适当的距离,与不喜欢的人相处时尽量不要表现出厌恶感,适当的距离可以避免不必要的树敌。

(5)在关系僵持或恶化的时候,一定要主动表示友好,不要碍于面子、难为情。

(6)包容和忍让是最重要的。哪怕你善待对方,对方还是对你不好,你仍旧要继续保持与对方友好的这种态度,毕竟连草木、动物都有感情,更何况是人呢?只要心存善念不断地付出,对方一定会转变。

一个真正智慧的人,在对待自己不喜欢的人时,也会示以尊重,笑脸相迎,友好相处。所以,为了不因对某人毫无理由的"好恶"而到处树敌,我们也应该学着去试着和自己不喜欢的人友好相处,尝试着去接纳对方,甚至要尝试和敌人微笑拥抱。这是气度,更是胸襟。

8.适当的独处,是莫大的清福

衡量一个人的真正品格，是看他在没有人察觉的状况下做些什么。

——传喜法师

生活中,除了劳作谋生,除了衣食住行,除了交友聚谈,还有一个重要的内容,就是思考。思考需要独处,这样看来,独处几乎可以说是人人都应当学会的一种生活方式。

三毛说,她想有一间自己的书房,不要有窗,也不必太宽敞,只要容得下一桌一椅一台灯即可。桌上放一叠书,灯下是一个真实的人,听得见自己的心跳。这时候你是你自己,你可以冷静地审视自己,理解自己,珍惜自己,善待自己。

独处,不是寂寞与孤独的自我发泄,会独处的人是会调节生活的人。淡泊以明志,宁静以致远。适当的独处,能给人以充实和乐趣,能让人在这嘈杂的环境中把握自己。独处是一种美丽的真实！独处是一种真实的美丽。生活在这纷扰喧嚣的世界,有时真的需要有自己独处的空间。

独处,能够让你渐渐地看清楚自己"不对"的地方,看清自己习惯于附着在哪个点哪个地方。或者说,看看自己的整个人生大部分的时间都在被什么所吸附着。真正喜欢并热烈享受独处的人无狂喜亦无大悲,多一份宁静执著,少一份狂热浮躁,固守着一份达观祥和的心境,享受着快乐人生。

所以,无论生活多么繁重,我们都应在尘世的喧嚣中,找到这份不可多得的静谧,在疲惫中给自己的心灵一点小憩,让自己属于自己,让自己解剖自己,让自己鼓励自己,让自己做回自己……

印度心理导师克里希那穆提在《爱与寂寞》中写道:只有当心灵不再以任何方式逃避,直接与孤独寂寞交流时,才会有感情,才会有爱。

独处有多种多样的方式,可以独自一个人去到大森林里,倾听着春天的声音,也可以沉入静默之中,从思考中,发现自己对生活的理解与感悟;可以漫步到水边,伫立在无声的空旷中,感受一份清灵。让心灵远离尘嚣纷乱的世界,默默地体验花香,聆听鸟鸣;可以捧一品香茗,在氤氲的缭绕中慵懒地翻阅一本好书。让自己在这份难得的宁静中,去书中解读关于生活,关于情感的文字。不带任何伪饰的成分;可以背上简单的行囊,到向往已久的地方去。不要与谁为伴,就自己一个人的旅程,可以天马行空,自在逍遥。让孤独的内心得到释放……

独处,就是要消化这些不平衡的感觉。消化所有的不能接受的结果,消化种种的抗拒,消化以往未了的事件。随着冰雪消融,我们的心渐渐地柔软了,渐渐地喜悦了,渐渐地伸缩自如了。于是,智慧的力量应运而生。

独处作为一种生活的状态,可以获取到欢聚中获取不到的快乐,它可以使自己摆脱浮躁,使心态变得更加清爽,更加单纯,也更加丰富。那是一个摆脱了纷扰的时刻，因而可以强烈地感受自己的感情世界。

独处并非孤僻，也非孤傲，更非借此显示自己的孤峭、与众不同。独处是于纷繁之中，给自己营造一座心灵的别墅，让自己真正地安静下来，整理自己的思绪，寻找丢失了的思想，寻找智慧，甚至是寻找迷失的自我。

我们的心灵既需要走向人群，与人交往，与人切磋，与人共事，感受欢聚的快乐，同样也需要独处，就像工作了一天以后，总要回到家中，过另一种日子。

有位丹麦作家写道："衡量一个人独处的标准是：在多长的时间里，以及在怎样的层次上他能够甘于寂寞，无需得到他人的理解。能够毕生忍受孤独的人，能够在孤独中决定永恒之意义的人，距离孩提时代及代表人类动物性的社会最远。"独处是人性的需要，是灵魂的需要，当一个人学会与自己独处的时候，就找到了真正的自我。

延伸阅读：

为自己制造幸福源泉

你幸福吗？人生路有平坦，有坎坷，有成功，有失意。怎样获得幸福，并一直保持幸福？根据世界各地不同专家的研究结果，我们总结出20种保持幸福心情的方法。不妨来看一下，为自己制造幸福源泉。

听音乐

想不到吧，音乐具有和吃饭、性爱相似的作用。听音乐的时候，大脑会释放出多肽，让身体放松下来。音乐不仅能够促进睡眠，你的心律和血压也会随之降低。

比同龄人赚更多的钱

财富不一定让你幸福,但是比同龄人赚得多会让人幸福。存钱养老和未雨绸缪构成一种积极的情绪,这种情绪也可以导致幸福。这是一种期待,作为迟来的满足和回报,也会让你幸福。

把积极的情绪作为成功之路

幸福更容易导致成功。幸福的人寻求新机会和新目标。幸福来源于成功和成就感,积极情绪会让你幸福起来,让你离成功越来越近。

亲吻,爱抚

多肽是一种神经传递素,可以使人的痛感降低。没了疼痛,就会有幸福感。结合和信任的感觉,产生"爱的荷尔蒙",帮助你减轻压力。

使用幸福的回忆

回忆你的勇气,你的天赋,你的激情,你的兴趣,你的潜能,不管这些是不是真的,搜索这些记忆可以让你更幸福。

做个乐天派

乐观是一种后天技巧,学习乐观有很多种方法。你注意过自己的走路姿态吗?你是抬头走路,还是低头走路的呢?很多人都是迈着缓慢的小碎步低头走路的,这样的人大部分很悲观。要改变自己,从走路姿势开始。首先,要纠正自己的身体,昂首挺胸,大步快速地走路。然后,改变自己的语调,让声音欢快、充满能量。第三,用幸福的字眼,用"挑战"代替"问题",遇到"损失"的时候,想想这也许是个"机会"。积极的想法和行为都会对大脑产生积极的影响,发出幸福的信号。不过达到上述改变,要耐心一些,也许要4~6周的时间才会见效。

尝试新事物

想过吗?学种乐器,学打网球,学习滑雪……尝试一下吧。如果其中的一种让你感到幸福,那就再试试别的。因为,经历丰富的人更容易保持积极的心态。积极情绪和消极情绪的最佳比例是3∶1,如果达到1∶1的话,很可能导致焦虑和抑郁。

倾诉

无论好事坏事，谈论一下都能让人幸福，即使是在电话里。倾诉的过程可以影响人的记忆，也就是说，倾诉一段不好的经历，可以让这段不愉快的回忆更快消失。如果有很多不同的倾听者，这种方法最奏效，也就是说，对不同的人重复进行倾诉会让你忘记烦恼，幸福起来。

让身体动起来

运动也可以释放多肽。来跳舞吧，运动吧，散步吧！这些都可以帮你释放压力，消化焦虑感和轻度抑郁，是保证健康的好方法。

找到工作与家庭的平衡点

手机，网络，所有现代通讯技术改变了我们的生活。对一部分人来说是好事，但对有的人来说是问题。相对于把家庭和工作联系起来的人，分得开家庭和工作的人遇到的冲突会少些。找到工作和家庭中间的合理界限，可以让人更加幸福。

让期望值更现实

丹麦人最幸福，他们在欧洲的满意度调查中连续30年高居榜首。原因之一是，他们对来年的期望总是很低。还是那句老话：期望越大，失望越大。反过来说，没有那么大的期望，自然不会很失望，烦恼就会离你远些了。

创造时间

时间就是生命。为何不学习控制时间，优化时间呢？你需要改掉那些会浪费你的时间的习惯。把每天要做的事情根据轻重缓急排好顺序，可以帮助节省一些时间。别再为时间烦恼了，腾出一两天时间想想未来，想想自己感兴趣的事吧。

勾画幸福

人类可以在脑海中回忆过去，模拟未来。至少我们可以为未来发生的事做思想准备。当你有个明确目标的时候，这种方法会很有价值。想想和勾画自己想要的生活,可以让人觉得一切都是可以达到的。闭上眼睛,想想未来的美好蓝图,拾回失去已久的自信吧。

微笑

微笑吧,笑一下不会伤害你。微笑会让你更幸福。无论遭遇到什么事情,当时如果笑一下,感觉会好得多。微笑,让机会出现在你的身边。

大笑

无论听笑话还是看喜剧,发自内心地笑吧,笑到流出眼泪,笑到肚子疼。笑,会增进人与人之间的关系。尽量待在人群中,因为这样更容易笑出来,想要减轻压力,加强你的免疫系统,就放声大笑吧!

培育信仰

无数的调查都指向一个结论:有信仰的人比没有信仰的人幸福。因为有了信仰就有了社会支持,有了决心,有了转移注意力的理由。深呼吸、冥想和祷告,都可以帮你释放压力、减少焦虑和紧张情绪,让你以更好的状态向前迈进。

做好事

帮人开门,为人指路,赞美别人,无论对朋友,还是陌生人,善意的行为都会让人更幸福,而且做好事越频繁就会越幸福。因为当别人对你投来感谢的目光时,你会感受到人们对自己的肯定。

幸福婚姻

无论一段婚姻实际上幸福与否,获得一份有承诺的感情,会比没有感情依靠更幸福。如果和幸福的人结婚,你也会幸福。幸福作为婚姻的一部分也是可以被分享的。

细数祝福

计算一下你的祝福,但不用每天都计算。太频繁地做一件事会失去新鲜感和意义。这种方式不适合每一个人,要根据人们的性格、生活方式、生活目标来决定。感恩未必适合任何人。但如果感恩适合你的话,你可以每周给帮助过你的人写一封感谢信，信未必要寄出，但也会让你感觉幸福。

吃东西

如果你真的不知道是什么让自己不幸福，那么你该关注你的身体状况。雌激素缺乏和内分泌失调，都是导致女性不幸福的原因。补充雌激素，调节身体内部平衡状态，是让你的身体达到最好的状态，并能改善心理活动的方式。另外通过吃一些诸如香蕉、小米粥、咖啡、绿茶、糖果等，也能让你抑郁的心情变得开朗一些。

当然，运动是任何时候都可以帮助你幸福起来的最好方式。

第八章

情缘——看破情关，聚散总是缘

1.成功的婚姻需要两个人的付出

> 爱情在人类所有的情感中,是最脆弱的一环。爱如果为利己而爱,这个爱就不是真爱,而是一种欲。

> ——慧律法师

人类是因为有情爱才生到人间来的,父母如果不相爱,就不可能结为夫妇,子女又怎么生到人间来呢?所以说:"情不重不生娑婆。"可是,人活在世上为了情爱,常常苦乐参半,为情所苦,为情烦恼,所以处理情爱一定要有方法。

减少对一种事情失望的最好办法就是不要过高地去估计它，压低想象才会有更多的空间去适应现实。对于婚姻就是这样。

婚姻会是一个人感情发展到成熟的终结，也可能只是一种人生状态的选择。婚姻未必一定要有海誓山盟的誓言，更多时候我们就是在寻找一个合适的伴侣，身份、利益、观念、性格等条件的平衡而已，红尘中一对男女用这样的方式来互相托付。就好像年纪大了，一个人会面对很多现实的困难，于是，就结婚了，找个伴，半夜醒来的时候，身边有一个人的感觉会让一颗心变得踏实。

婚姻是天长日久朝夕相对的相处，它和恋爱截然不同，它是很坦白地把一个人本性中的东西暴露在彼此面前，恋爱时候精心修饰的一切，最终都会在婚姻中真相大白。原来，曾经都把最好的一面显露给自己的爱人，后来，是专门把不那么美好的一面留给家庭，然后光鲜靓丽地出门给别人看。

婚姻就是无所不包的那么一件东西，它容纳笨拙、无能、怪僻，停泊孤单、消极、悲观，我们从这样的港湾中获取力量，然后才能有勇气继续生活。

所以，要学着不做一个苛求的人，两个人之间需要忍耐，理解，体谅，互相接受和改变，尊重对方独立的人格和尊严，这样的婚姻才可能长久和平稳。

对待婚姻，一定要有非常踏实的态度和务实的精神，才能顺利度过婚姻的转折期和心理波动期。

人们常常会戏说：男人一结婚就变脸。的确，很多女人都会有这样的感觉，婚前男人百依百顺，温柔体贴，以为结婚之后也会延续恋爱中的轻松和快乐，可是谁知道结婚之后这人就变了，慢慢地不是从前那个殷勤的好男人了，逐渐懒惰涣散，注意力开始不集中，自己说一不二的地位也遭到了挑战。于是女人就开始哀怨：婚姻真是爱情的坟墓。

其实这种现象很正常，是人性的正常表现，之前如果我们是因为对方的确对我们好，好到能够容忍我们所有的缺点才选择的这场婚姻，那么最终我们也要在跌落到现实中的错愕中明白，没有人会永远保持这样的姿态，婚姻中大家都会暴露真相。

爱是有魔力的东西，是能够让一个人产生这种不顾一切的勇气，但是爱也并没有强大到那种程度，能够穿越所有生活中的琐碎和艰难。即使我们曾经短暂地为了爱成为一个斗士和无私的人，但那不会是永远的我们，那只是在爱的作用下的一次完美演出，是委屈和忍耐的形象，这也是恋爱的魔力和美好所在。可什么样的演出能够永远不谢幕呢，什么样的表演能够坚持一生呢？最好的演员也会需要谢幕，再经典的演出也难以永恒。

进入婚姻，开始天长日久朝夕相对的相处，像一个放大镜，把每个人的缺点和不足都夸张地表现出来，在经年的生活中，谁都做不到总是把最光鲜完整的一面给对方看，每个人都会懈怠，会回归到一个自己最喜欢最适应的位置，不希望委屈自己，不想要强装优秀。

一段成功的婚姻需要两个人的付出，彼此的宽容、谅解。根据不断出现的问题调整双边关系，不仅是价值观和世界观的融合，也是个性、修养、生活习惯和细节的大交叉。每个人的生活习惯要服从别人的都不是一件容易办到的事情，只想着得到，却没有心理准备付出的人，很难应对未来可能出现的问题。在结婚之前，多想想你能为对方做点什么，要比只知道怎么享受对方的疼爱要有用得多。不要在日渐平淡的婚姻面前谴责伴侣的薄情，而唯独忽略了自己的责任。

2.鼓励和赞美最重要

要做一个像母亲、像妹妹、像婢女、像妻子、像臣子般的太太。

——星云大师

男女刚刚陷入爱情的时候,必然会互相赞美对方的优点,随着步入婚姻,最初的温度下降之后,人们对这种事情就做得少了,尽管两个人仍旧十分倾心于对方,但是已经不会再大声地说出赞美和鼓励的话。

如果缺乏真心的赞美和鼓励,那么最初的赞美给彼此带来的美妙感受和感激之情就会大大降低,直接导致的结果就是两人的感情联系变得薄弱。

星云大师说,要做一个像母亲、像妹妹、像婢女、像妻子、像臣子般的太太;也就是说,对待丈夫有时像母亲关心儿子,有时像妹妹敬爱兄长,有时像婢女服侍主人,有时像妻子依赖丈夫,有时又像臣子伴随君王。赞美无秘密,平常对丈夫要多说赞美的话,不要私藏金钱,不要隐瞒秘密。这样,夫妇的感情必定很好。

琳的丈夫是一家科研所的研究员。按理说, 这是一个让人美慕的职业,可是琳总是成天在众人面前数落自己的丈夫:"满屋子都是书,能当饭吃?整日里抱着书本像真的一样,还不是老虎戴眼镜。那天他心血来潮,说要修理电视机,结果呢?修得不仅声音没有,连图像也不见了。难得一次下厨房,炒出的鸡蛋是糊的,烧出的饭带了彩……"旁人听了哈哈大笑,这让琳越说越带劲,更是将丈夫的所有缺点和失态暴露无遗。从此,丈夫在别人的心目中,成了一个取笑的对象。结果,丈夫的脸越来越阴沉,情绪越来越低落。

雯就截然不同。丈夫几年前还在卖报纸，当他发现经销书籍很有发展前景，就开了一家书店，生意果然做得很红火。面对别人的称赞，雯总是自豪地说："以前，我真不知道他会这么能干，其实，他过去只是没有找到发展自己才华的机遇而已。现在可好了，他在这个行业里如鱼得水，我真佩服他掌握的行情那么准，捕捉的信息是那样多，对读者的需求把握得那么好，进的书总是好销，总是供不应求……"毫无疑问，雯的夸奖，给大家树立了丈夫的良好形象，从而也激励着丈夫把书店的生意越做越兴旺。

有人说，夸奖，那是对小孩子的伎俩，成人哪里用得着。而事实上，成人同样也需要夸奖。老板一句表扬的话，是不是让你兴奋，工作更卖力了？老公一句表扬的话是不是让你心情更好，体验到生活的甜蜜了？

"如果我们想要更多的玫瑰花，就必须种植更多的玫瑰树。"如果想得到爱人更多的赞扬和肯定，希望婚姻幸福而长久，那么先学会赞扬对方，即使对方有什么地方确实做错了，忍不住责备了他，那么也要在责备的同时，看到他的优点，对他加以肯定，而不是一棍子把他打死。

黑格尔在他的《生活的哲学》里讲过一个故事："一个被执行绞刑的青年在赴刑场时，围观的人群中有个老太太突然冒出一句：'看，他那金黄色的头发是多么漂亮迷人！'那个即将永别世间的青年闻听此言，朝老太太所站的方向深深鞠了一躬，含着泪大声说：'如果周围多一些像您这样的人，我也许不会有今天。'"

夫妻是相亲相爱的人，从来都不是仇人。在责备对方的时候，切忌别忘了表扬他（她）。赞扬他（她）一是为了让他（她）找到心理平衡点，二是让他（她）尽快消气，并找到改正的动力，使他（她）感觉受到你对他（她）的重视，从而巩固你们的婚姻。

要使家庭生活幸福、快乐，夸奖更是缺不了，它就像一块香甜的巧克力，让生活有滋有味。

3.结婚之后，要闭一只眼

爱情是盲目的，但是越远却看得越清楚。在结婚之前，两眼要睁大。结婚之后，则要闭一只眼。

——星云大师

感情是一个瞎子，所以必须要有智慧，要有明智的眼睛来看清爱情的盲点。因为如果爱的对象不对，爱的方法不对，就会生出问题。

现实生活当中，我们经常会看到很多夫妻不信任的情景。妻子收到了一条短信，丈夫想，是谁发来的？妻子与老同学聚会，丈夫怀疑妻子精神出轨；丈夫晚回来几个小时，妻子怀疑丈夫在外面是不是有情人了；妻子老家来人，丈夫怀疑妻子偷偷地给老家人钱；妻子与前夫见面，丈夫怀疑旧情复发；丈夫出差在外，妻子怀疑丈夫行为不轨……

由于这些无端的怀疑，搞得自己很累，很痛苦，甚至因此干出愚蠢的事来，最终把自己本来应该很幸福的婚姻亲手毁掉，闹得自己和亲人痛苦不堪。

生活中，疑神疑鬼是破坏婚姻幸福的第一大杀手。"千里之堤，毁于蚁穴"，许多幸福的婚姻都是因为这一点疑心被破坏掉了。只要你是有心人，只要你希望婚姻幸福，一定要做到彼此信任与尊重。

眼睛是心灵的窗户，一旦头脑里出现了对爱人不信任的念头，应该警醒自己，看一看内心是不是纯净的。如果内心是纯净的，看爱人也会从纯净出发，看到的都是优点。如果内心不纯净，看爱人就容易带有倾向性，看到的都是不良的一面。

电视剧《中国式离婚》中有一个场景：女主人公经常在窗户边、门阶旁、阳台前,用一种阴冷的目光看着丈夫,看与她丈夫一块走的女同事,一起上下班的过程,一起下车的过程,一起说话的过程,那种目光很吓人。第一,对爱人产生一种不良的副作用;第二,给爱人造成一种特别不好的心理刺激,爱人反过来看你的目光,同样是怀疑、愤怒和冷酷的。最后这对夫妻痛苦地离婚了。

目光,对夫妻之间的感情非常重要。

你希望婚姻幸福吗?你希望爱人爱你吗?你希望爱人体贴你吗?那么你就把善良的目光、信任的目光、尊重的目光、友好的目光和慈祥的目光送给你的爱人吧,你得到的将是幸福、尊重、友好、慈祥和快乐的目光。

眼睛怎么才能流露出信任和尊重的目光呢?其实很简单,就是多看积极的一面,多看爱人向上的一面,多看爱人好的一面,好的看多了,反馈回来的东西就是好的,你的目光就是善良、信任和尊重的。

语言是心灵的外露,夫妻要做到信任与尊重,夫妻之间平时要养成使用信任语言的好习惯。说话要把信任的信息、爱的信息传递过去,随时维系自己的爱情。

语言是大脑思维的反映,一般情况下是想什么说什么。你心里想着幸福、想着爱你的爱人,你就会说一些幸福、尊重和信任的话。有的人不注意这些事情,说话不假思索,实际上他也不是故意的,但话说出去就收不回了,就把人给伤害了。

小蔡与老公一起回郊区婆婆家过年。婆婆家经济条件差一点,吃完饭他们就往回赶。路上小蔡的老公看到路边有卖东西的,想买点,一掏钱包,钱不够,就跟小蔡要钱。结果小蔡顺口就说:"你是不是又把钱给你妈了?是不是又把钱偷着给你弟弟的孩子了?咱家不是银行。"老公一听就气白了脸,回家收拾了衣服,借口加班,住到单位去了,三天没回家。小蔡后悔地说:"我这个人心直口快,不是故意的。"

有的人很多时候说一些过激的话并不是故意的,但是由于说话欠思量,遇事一着急,说出去就惹麻烦了。如果在说话之前,稍加考虑,话在嘴里停上三秒钟,这三秒钟你可以想一下这话说出去会不会伤害感情呢?是不是不信任对方呢?是不是不尊重对方呢?如果把这些想清楚了,再往外说,就不容易伤害人。夫妻之间,一次伤害,对对方是个打击,两次伤害又是个打击,时间长了,就会是一种痛苦。你在他心目中的位置可能就会降低了。

这些事例给了我们一个很大的启示,就是夫妻之间说话,使用语言千万不能伤人,以免造成误会。所以,为让我们的婚姻幸福,说话时要相互信任和尊重,千万不能信口开河,胡言乱语。一是多使用文明语言;二是养成好的语言习惯;三是发怒时要理智。

4.不要试图去改变你的爱人

爱,是动词。爱,是付出。爱,是关怀。爱,是尽力了解对方的需求,并且不断改善彼此关系的一种努力。爱是接受对方,不是企图改变对方。

——星云大师

江山易改,本性难移,不要试图去改变你的爱人,即便你的话是真理,极具震憾力,也仅能在思想层面带给别人瞬间的触动,很难带来实质性的改变。爱情真正的意义并不是帮助、控制和改造别人,而是能够发掘、欣赏和接纳真实的对方。

英国政治家狄斯瑞利在35岁之后才结婚,他所选择的有钱寡妇玛丽安既不年轻，也不美貌，更不聪敏。她说话时常发生文字或历史错误，令人发笑。例如，她永远不知道希腊人和罗马人哪一个在先，她对服装的兴味古怪，她对房屋装饰的兴味奇异，但她是一个天才，在婚姻中最重要的事情——处置男人的艺术上。

她从不跟丈夫的意见对峙、相反。每当狄斯瑞利跟那些反应敏锐的贵夫人们对答谈话后心疲力竭地回到家里时，她总立刻让他能安静休息。这个愉快日增的家庭里，在他与太太相敬如宾的柔情中，他得到了安闲休养心神的港湾。

与他的夫人在家所度过的时间，是他一生最快乐的时间，她是他的伴侣，他的亲信，他的顾问。每天晚上他由众议院匆匆回来，告诉她日间的新闻。而且，重要的是，凡是他努力去做的事，她从不认为他会失败。

狄斯瑞利对待自己的夫人也一样，无论她在公众场所显露出何种意识，或没有思想，他永不批评她，他从未说出一句责备的话；而且，如果有人敢讥笑她，他即刻起来猛烈忠诚地护卫她。玛丽安不是完美的，可是在狄斯瑞利的包容下，她始终保持原本的自己。

狄斯瑞利说："结婚30年，她从来没有使我厌倦过。"

他们两人之间，有一句常说的笑话。狄斯瑞利说："你知道，我和你结婚只是为了你的钱吗？"玛丽安总笑着说："是，如果你再一次向我求婚时，那必然是因为你爱我，对不对？"

每个人都是独特的，与众不同的，理想的婚姻必是让人感到轻松和愉快的，帮他活出她自己，按照她本来面目活出她的潜能，成为天底下独一无二的她自己，我们能做的，只有浇水与施肥，而不是强行按自己的意愿剪枝。正如我们欣赏一朵花、一座高山或黄昏的夕阳，没有人试图改变它，我们喜欢的，正是它们那原原本本自然的样子。

不同成长环境、不同思维、不同生活习惯的两个人凑在一起过日子，必然会因为很多细节问题产生矛盾。虽然这些矛盾都是些鸡毛蒜皮的小事,可是它们往往是最消耗婚姻的耐受力。

尊重彼此的差异,学会理解你的配偶是个独立的个体。在各个层面都存在与你相异之处,你必须尊重这些差异,站在对方的立场来设想,将心比心,问题则较易解决。有差异并不可怕,可怕的是你不敢面对差异,选择了逃避的道路。其实,在婚姻中要承认存在着差异,有时差异还恰恰是两性相吸的原动力。

有一位女士的老公,喝酒、抽烟、打牌,样样俱全,不讲卫生、不做家务,毛病甚多。但他性格粗犷豪爽,不拘细节,很讨别的女人喜欢。而爱整洁又喜欢安静的她,几年来一直在改造老公,没料到,她老公仍然我行我素。后来她的老公竟嫌她啰嗦,家庭经常发生矛盾,闹得很不和睦,最后,老公干脆另寻新欢,一走了之。这样的改造有什么意义呢?

爱情好像是一件易碎品,只有精心呵护,才会完美无缺。爱人的缺点就好像是一件工艺品上的斑点,怎么看都不舒服,总想去掉它。过分的改造,就好像要去掉工艺品上的斑点,不留一点痕迹。用心当然是好的,可是你打磨来打磨去,斑点没有打磨掉,还可能把工艺品打碎了。

每个人都不可能白璧无瑕,就像太阳上有黑子,可谁会因此就否认它的灿烂光辉呢?心理学家卡尔·罗杰曾这样比喻:"当我漫步在海滩观赏落日的余晖时,我不能这样要求:'请将左边染上一点桔黄色。'或者说,'你能在背后少染一点紫色吗?'因为我喜欢那落日时不同的自然景色。我们对待心爱的人不也应该这样吗?"

爱情的内涵之一就是无私与奉献,爱就是让自己所爱的人感到自由和快乐,让他按照他原原本本的样子去生活与发展,而不是扼杀对方的天性。爱一个人,就不要试图改造他。爱情不是征服,也不是顺从。

爱一个人,是因为他身上散发着特有的、吸引自己的魅力,这魅力包括对方全部的优点和缺点。爱他,就要爱他的优点,包容他的缺点,心甘情愿地感染他的气息;也默默地用自己的气息感染自己的爱人,影响他的思想、生活和灵魂,但不要改造!因为爱情是相互欣赏、互相体恤、相濡以沫、共度人生。不要忘记,当初我们的承诺——"我爱你"这个"你",正是最初的对方。

5.相爱不是用来生气的

"爱"必须伴随着永远的宽恕,而"喜欢"常会为了自己的快乐而牺牲对方。两者大不相同。

——慧律法师

婚姻生活中,难免有勺子碰到锅的一天,吵架似乎不可避免。情感也在一次次争吵中渐渐褪色,失去了原有的色彩。无论是怒火中烧的气话,还是隐忍不发的积怨,不及时地加以控制,最终都将成为一把把锋利的匕首刺伤两个相爱的人。

公交车上,乘客很多。一对上班族情侣也被拥挤在车厢中间。

可能因为人多,男孩将手臂围挡在女孩的腰上,怕后面的人挤到了她,并轻声地问:"累不累?待会想吃些什么?"

只见女孩不耐烦地回答:"我已经够烦了,吃什么都还不先决定好,每次都要问我。"

男孩一脸无辜地低下头,而后说了一段令人印象深刻的话:"让你决定是因为希望能够陪你吃你喜欢的东西,然后看着你拥有满足的笑容,把今天工作中的不愉快暂时忘掉。你工作上所受的委屈我没法帮你,我所能做的也只有这样。"

女孩听了后，满怀愧疚地说声对不起。

男孩这才似乎重燃信心般说："没关系，和你相遇不是用来生气的，只要你开心就好。"而后亲吻了女孩的头发。

公交车到站，男孩牵着女孩的手下了车，依旧小心翼翼地保护着女孩。

男孩说得多好呀："和你相遇不是用来生气的。"

两个人相恋，多么来之不易的缘分，何苦要用生气来抹杀所有的幸福。即使当爱情面临小小的险阻，我们也要心平气和地对待对方，然后用爱和勇敢去化解，而不是用生气的方式来鲁莽对待。

要知道感情这东西是不能把自己的思维逼进了一个死角，如果明知道是个死角，可还是一鼓作气、不依不饶地要往里面撞，就像一只扑火的可怜飞蛾，拼了命要在灯光那儿折腾。因这个念头而把自己纠缠在里面，这只是自我折磨，不发疯才怪。

机息心清，月到风来。有缘千里来相会，无缘对面不相逢。烟雨红尘，茫茫人海，人与人之间，因缘际会，相牵相知。一个缘字，便把远在天涯海角的两个人，紧紧地连接在了一起，从此，绵绵情思，沉沉爱意。人与人在世间的相遇、相恋已是不易，将此看作一场美丽的缘分，用真心来对待，共同叙写一段爱的乐章。

在日常生活中，我们也许就是太在意对方，太在意情感得失，我们害怕失去，从而产生情绪高低起伏。仔细想想，生气真的能解决问题吗？还是只能让矛盾更尖锐，更伤害彼此的感情？不如放开心胸，看花开花落。

一对夫妻之前经常吵架，乱丢的袜子，没有归位的书本，没摆整齐的拖鞋，都成了吵架的导火索。丈夫在妻子眼中有诸多不是，妻子在丈夫眼中是无理取闹的。

这一天，夫妻两人去朋友家做客，看到已经结婚多年的朋友跟丈夫相处得如此融洽，他们彼此欣赏，朋友的丈夫向他们介绍妻子泡的咖啡如何好喝，朋友夸丈夫如何幽默。他们说话时面带笑容，彼此的眼神经常碰撞在一起。

这位妻子看到朋友的婚姻生活如此甜蜜，非常羡慕，就在帮助朋友洗碗的时候向她讨教经验。

朋友告诉她，其实刚结婚的时候自己也常常会为两个人的生活习惯不同而生气，但渐渐地她发现，生气只会让问题越来越糟，根本得不到解决，于是，她就选择每个周末的晚上，两个人在彼此冷静的情况下，诉说对方惹自己生气的原因，告诉对方，自己需要对方的谅解，需要对方的帮助，并及时赞赏对方做的让自己高兴的事情。这样丈夫才能知道妻子生气的原因，才能帮助妻子更好地解决问题。

回来的路上，妻子没有再像往常那样，埋怨丈夫开车速度太快，选择的路线不对，而是推心置腹地跟丈夫说，自己心情不好的原因，丈夫的哪些举动激怒了自己，丈夫的哪些举动让自己很高兴。

丈夫听到妻子真诚理性的诉说，而不再是以前的大声斥责、埋怨，也觉得非常亲切，他很抱歉自己的一些举动伤害了妻子，并说了妻子的很多优点。

那段四十多分钟的回程，让两个人都觉得很愉快，回到家的时候，丈夫发现，妻子今天格外美丽，娇羞的脸和满含爱意的双眼如此动人，与平时那个动不动就眼冒怒火、大声喊叫的妻子简直判若两人。

在和亲爱的人生气之际，我们如能多想想"我不是为了生气而和你相遇的，而是为了一场美丽的相约"，那么就能为我们烦恼的心情辟出另一番安详。当自己快控制不住情绪时，想想这句话，或许会让幸福中多增加一些甜蜜的因子吧！

唐代慧宗禅师经常云游各地，一次临行前他嘱咐弟子看护好他酷爱的数十盆兰花。可有一夜，弟子们忘了往屋里搬兰花，也偏巧那一夜狂风大作，盆破花毁，狼藉满地。几天后，禅师返回寺院，众弟子准备受罚。

可得知原委后，禅师神态自若，依然平静安详。他对弟子们说："当初，我不是为了生气而种兰花的。"

这句话不光让他的所有弟子彻悟，也让千年之后的我们同样受益匪浅。

是啊，百年修得同船渡，千年修得共枕眠，两个人相遇、相知、相爱不是为了生气的。

6.珍惜眼前人

维系婚姻的不是锁链，而是细线；千百条的细线随着时间，慢慢地将人们的心缝合在一起。你可以自由地寻找爱人，但和谁结婚多半靠际遇。

——延参法师

常有这样的事情，一个人在婚前苦苦等待、寻觅多年，也未曾遇见一个特别心仪的异性，于是随便找一个还算过得去人的就结了婚，日子反倒也能过得安定平和。但上天似乎有意捉弄人，婚前苦等不见，婚后却总是有机会在某个场合遇见那个曾经苦苦期待的人。也许是一句话，也许是一个眼神就能点燃心火。有时你不禁疑惑这到底是命运的安排还是魔鬼的诱惑。在这样的时候，有些人往往就会心神动摇，为此，原本美好安稳的生活也被破坏了。

其实，因抵制不住诱惑而放弃原本美好生活的人是极其不明智的。仔细想一想，如果用你的一生去等待，你总能找出最适合自己的那个人，但是你能用一生去等待吗?既然不能,就珍惜身旁的那个她(他)吧,也许并不是她(他)不适合你,而是你没有细心地去体会,只要你多去留意,你会发现,身边的她(他)其实很美。

他和她是经人介绍相识的,那时,他已是个大龄青年了,虽然她并没有让他找到那种一见钟情的感觉,但她人还不错,于是他们结婚了。婚后的生活还是恩爱甜蜜的,但随着岁月的流逝,他开始变得对她冷漠了。面对她,他已经没有了先前的激情,他的心思开始飘出家庭之外了。

一日,他在当地一份晚报上看到一篇署名叶子的短文,写的是一位女子对婚姻生活的失望。那优美的文字,还有文字间流溢的淡淡的忧郁,都让他感到这是一个有才情的女子。

他似乎一下子找到了知己,生命里那从未有过的情感瞬间被触动了。他禁不住写了一封信,请编辑部转给作者。在信里他说:你的文字优美、感情细腻,你这么一个有才华的女子,你爱人怎么就不知道珍惜?

他期待叶子的回复,却一度让他失望。

一个周末,她在洗衣。他突然发现桌上放着一封信:天!是他写给叶子的。他一惊,继而又释然:自己怎么忘记了妻子曾经写得一手好文章呢?只是因为婚姻让她淡忘了写作。

他走进洗衣间,说:我来洗吧。她一笑:太阳从西边出来了?他没笑,看着她其实好看的脸,轻轻拉住她的手。

风景其实就在你身边,关键在于你是否有欣赏风景的心境。

人类为地球上最高等的动物,贪欲可能也是最大的,明明幸福就握在手上,却不着边际地遐想,可能还有更好的,于是便放弃已握在手的幸福,去追求虚无缥缈的美好。殊不知,这样做只能换来酸涩的苦果,用那原本丰盈甜蜜的果实去换,岂不得不偿失?

所以,还是安下心来,用心欣赏你身边的他(她),你身边的他(她)其实真的很美。

生命的天空总是色彩纷呈。面对不幸，面对潦倒，我们所要做的不是怨天尤人、自暴自弃，而应该是不断捕捉生存智慧，学会勇敢和坚强。

7.既然失恋，就必须死心

丢开一个薄幸的男子，要像丢开一只脱了跟的破鞋一样，因为他使你摔了一跤。

——慧律法师

许多人都会在爱里受伤，因为爱别人爱得失去了自己，等待分手时，才发现在这场爱中，已经迷失了自己，所以总试图抓住情感的尾巴，希望能够有转机。要明白，对方一旦做出决定，那么这场感情就注定了是这样的结果。请不要试图以自己的痛苦与哀求换回曾经的爱，这样只会让对方轻视自己。我们要坚信，失去自己，将是他一生最大的遗憾。

有一个女孩，在她最美好的年华爱上了一个优秀的男人。两人一开始感情很好，男人对女孩真的很好，让女孩沉浸在这种美好中无法自拔。然而，五年过去了，对这个二十几岁的女孩来说，这五年，是她最美好的回忆，可她等来的不是自己梦寐以求的婚姻，而是男人的分手。

对于这样的结果，女孩难以接受，她不知道为什么会是这样的结果。她始终不肯相信那个曾经深爱她的男人已变心了。于是，她想尽办法去挽留，但最终没有如愿以偿。女孩在无奈之下，选择自杀相要挟。幸好在关键时刻被家人发现，并且及时地被送到医院，经过全力抢救，得以脱险。醒来后，她做的第一件事情就是给这个男人打电话。可是男人在确认了女孩生命无碍后,就从女孩的世界里彻底消失了。原本脆弱的女孩,无法面对这样的局面,她选择了疯狂的报复,要拼个鱼死网破,为的就是证明自己对这段感情的在乎。事后,也有人问起这个男人,为何不去看望女孩,给他们曾经美好的爱情画一个完美的句号。令人没想到的是,这个原本坚强的男人竟然哆嗦着嘴唇说:"我害怕,我不敢。"

当女孩听了这句话后,原本耿耿于怀的她,释怀了,她再也没有做出什么过激的举动,只身一人远走异乡,开始了自己的新生活。

几年过去了,女孩已为人母,依旧美丽的脸庞泛着幸福的光泽。现在,她对生活很满足,因为她有疼爱她的丈夫和一个可爱的孩子。回想起丈夫在追求她时说的那句话:"女人的情伤注定是要由下一个男人来抚平的,而我就是这下一个男人,所以你什么也不要在意。"她仍然会感动。

其实,谁没有过情伤!谁还会在乎曾经的沧海桑田。的确,人生在世,又有谁能够肯定这一辈子不会因情而伤。故事中的女孩,爱人离去时没能够冷静对待,试图以自杀的方式来挽回这段感情。殊不知,这样会让对方害怕,更会躲起来。当分离来临时,聪明的人懂得,用生命相逼并非明智之举。你以为你的死能改变什么吗?除了给亲人带来痛苦以外,没有人会去怀念你。只有珍惜生命,珍爱自己,才能走出失落,要相信前方还有值得你爱的人正等着你。

面对逝去的感情时,许多人都只看到了它曾经的美好,只有被这样的感情弄得遍体鳞伤时才明白,原来爱情不仅仅有美好的一面。其实,谁能保证一生只爱一个人,分手是再正常不过的事情。面对失恋,如果总深陷其中,总想做最后的挣扎,甚至认为自己不能生活得幸福,那么谁也别想幸福,在这种念头下,做着最疯狂的事情,这些都是再愚蠢不过的行为。

当他爱着你时,确实是真心爱你的,只是现在不再爱了。如果你只是苦苦纠缠,无疑是一次次地揭起自己的伤疤。有人曾经说过,当一个人不爱你时,那么请相信他现在的确已经不爱你了。不要害怕,不要逃避。因为，害怕会让你自乱阵脚，作出错误的选择。逃避只会让你永远活在痛苦之中，摆脱不了情感的阴影。学会勇敢地面对这一切吧，需要离开那个温暖的臂膀可能会让你伤心一阵子，然而，相信这些终究会过去。

其实，爱一直都在，只不过需要再换一个人罢了。失去他，并不代表将失去所有。没有人敢肯定，你所遇到的那个人一定是与你白头到老的人。既然不是，那么，不如趁早放弃，因为，那个能够与你相携终生的人，正在前方等着你。

8.随缘而不攀缘

有的东西你再喜欢也不会是属于你的，有的东西你再留恋也注定要放弃，爱是人生中一首永远也唱不完的歌。人的一生中也许会经历许多种爱，但千万别让爱成为一种伤害。

——延参法师

生活中到处都存在缘分，缘聚缘散好像都是命中注定的事情，有些缘分一开始就注定要失去，有些缘分永远都不会有好结果。

杏子与男友交往期间，平淡如水。两年内，两人外出约会的次数更是屈指可数。男朋友既不殷勤也不浪漫，电话爱打不打的，有时借口说忙，一两个星期不打电话也是常有的事，杏子主动打去问候时，他也频频喊忙。但是，爱情没有道理可言，即使是这样，杏子仍然全心全意地爱着他。

在漫长的等待中，在一次又一次的失约中，杏子流干了眼泪，气过，也怨过。但是，男朋友一旦邀约，她还是会收拾好泪眼和心情跟他出去。朋友都劝杏子放手,为一个不懂得珍惜自己的男人如此付出,实在不值。因为朋友们都看得出,男方并不珍惜这段感情,游戏的心态明显。但杏子却舍不得,对自己的爱情抱着幻想,以为他不忙的时候就会在乎自己了,以为他们的爱情会出现转机的……

就这样,一拖再拖,又是两年过去了。青春也在一次又一次的空等中,伤心落泪中慢慢消失,直到后来男方主动以不愿耽误她为由,分手了。分手后不久,杏子由于不再辛苦等待,心情也不再被人所牵系,再加上朋友的劝导,她慢慢地想通了,而整个人也变得豁然开朗了。心情一好,气色也跟着红润许多。她回想起之前的自己,才发现当时的愚昧,而现在又是何等轻松快活。

在现实生活中,很多人面对感情的抉择时,往往因为放不下、舍不得,而一拖再拖,浪费了宝贵的青春。其实,有没有想过,有时,你的爱不仅是对于自己,而且对于你所爱的人来说,也是一种牵绊呢?你因为爱对方,舍不得、放不下,所以宁可守着无味、变调,甚至不值得的感情,悲伤惶惑终日,看不到世界上其他的美好;对方因为被你所爱,是一件幸福的事,但是,前提是对方也同样地爱你,否则,这种爱就是一种负担,甚至是一种烦恼,只想着摆脱。

人只有放开了,才能看到外面景色的美好。正如上面例子中的杏子,她正是逃脱一段失败感情的牵绊,正是因为舍得放手,才能有现在的好心情。另外,爱一个人不应该成为所爱人的牵绊。只要我们心中有爱,生活总是那么美好!

相聚是一种缘,相识、相恋更是一种缘分,缘起而聚,缘尽而散,放手才是真爱。

吴艳和男友相识、相恋于充满恋爱气息的大学生活中,两年下来,两个人的感情经历由热恋到平稳。然而,毕业后,男友就到外岛服役去了,两人虽说感情较稳定,但是,距离毕竟还是爱情的致命伤啊。

两人两年内见不到五次面，她辛苦了两年等待男友当兵回来，令人想不到的是，男友却在服完兵役回来之后避不见面。在她不停地追问下，男友竟提出了分手。这对她来说，是多么地难以接受啊。苦苦等了他两年，换来却是分手的要求！她只觉被耍了，内心充满了不甘心和屈辱，这令她痛苦万分，甚至以后的几年都处于极度怨恨的情绪中，不仅怨天尤人，而且更恨极了前男友，很想报复他。这种情绪的不稳定让她的健康也受到了影响，失眠，暴躁易怒，无法专注。

直到有一天她看到一句话："仇恨是一把双刃剑，既能伤人，也能伤己。"这才使她从这种痛苦中慢慢地走出来。因为正是这句话，让她忽然明白这么一个道理：这些年来，她伤害的，不是最恨的男友，而是自己。明白了这点之后，她试着改变自己，放下仇恨，以不同的心情去看待这件事，才发现自己活得轻松自在多了。一方面是时间的冲淡，一方面是她自己努力看书调适心境，渐渐地她能理智地看待以往的记忆。

后来她常常对自己的朋友说，放下的感觉真的很好，唯有放下，才能获得真正的自由。

是的，爱不能成为牵绊，放下真好。有过类似经历的都明白，仇恨的记忆太沉重了，牵绊住人，让人无法自由地飞翔，人只有放下，也唯有舍得放下，才能重新展开自己全新的人生。

在日常生活中，人们总是容易沉溺于往事的追忆无法自拔，皆是源于对失去的事物的迷恋。但是爱走了，就要舍得放手。这也是对自己的宽容，为了让自己不再难过，有时候爱情就应该"自私点"。烟花不可能永远挂在天际，只要曾经灿烂过，又何必执著于没有烟花的日子？

爱原是生命里奏出的一曲美妙动听的音乐，当音乐奏响时，你可以聆听它、感受它、体验它、珍惜它并激活它。但我们都是平凡的红尘男女，挣不出爱恨纠缠的情网，逃不过爱与被爱的旋涡，一味地陷入逝去的往事中遐想，无形中夸大了过往事物的美好，于是所失去的便越加完美了。但是细细体味寂寞后的潇洒，想想除了他(她)以外的快乐，想想再也不用为了猜测他(她)的心思而绞尽脑汁，会不会轻舒一口气，感觉轻松一点呢？倘若是真地了解爱情的含义，就会明白一直抓着不放的事物其实也不过如此罢了，眼前所拥有的才更珍贵……

人生漫漫，有爱就会有伤，有情就会有痛。这一路走来，为事，为情，为人，为爱，我们的内心何止破碎一次。然而，我们却依然可以在受伤过后，重新站立起来。只要愿意，一个人永远不会丧失爱的能力。既然如此，那么，你还会再害怕多一次的伤害吗？如果一段感情到了尽头，却又无法挽留，此刻你能给他的爱就是试着把手放开。

面对感情伤害，也许的确会让人痛彻心扉，然而，聪明的人懂得，只有放下这份让人痛心的爱，才能获得解脱。纠缠是一种爱，放开更是一种爱，真正懂得爱的人，更明白成全的意义。因而，如果真的是爱，那么，最后时刻来个优雅的转身是明智的选择。

人们常说：在对的时候遇见对的人，是一种幸福；在对的时候遇见错的人，是一种遗憾；在错的时候遇见对的人是一种伤心；在错的时候遇见错的人，是一种叹息。所以，给不了就转身，得不到就放手吧。

9.破除内心的成见

眼见的事，只可相信一半；耳闻之事，不可轻信。在观察与判断之时，应破除内心的成见。

——延参法师

都说，我们是在跟对方的优点谈恋爱，却跟对方的缺点结婚。婚后，之前吸引我们的闪光点不再闪闪发光，我们看到的都是曾经忽略的小缺点。

其实在现实生活中就是这样，两个年轻人组成了家庭后，从热恋时的花前月下紧紧相依，到婚后的柴米油盐酱醋茶的件件琐事，再到孩子在哇哇声中落地，在忙忙碌碌的家务事和一些磕磕碰碰的小事中，一些人都感到了身心疲惫，甚至希望走出围城回到城外，重新寻找热恋的感觉。他们也从刚结婚时的心灵相通、处处帮扶，转向话不投机、生活乏味，原来那浓浓的爱意随着时间流逝渐渐地转淡，而对方的种种缺点也在眼中不知不觉地放大，并开始逐步把一切优点和恩爱所掩盖。于是三天一小吵，五天一大吵，变成了家常便饭，生活的琐碎和平淡将爱的激情磨灭，两个人的感情也出现了裂痕。

两个不相识的人，通过相知相爱走到了一起。每个人都有这样或那样的缺点，作为夫妻应该珍视这份爱，正视双方的优缺点，不能因为两个人组成了家庭就不在意对方的感受，一味地将一方的缺点放大，并穷追猛打，而看不到自己的缺点和不足。这样在相互的攻击下，两个人的共同话题就会越来越少，分歧就会越来越多，把当初的幸福和美好消耗殆尽，一对原本幸福的家庭也走到了崩溃的边缘。

一个镇子上的民政所为了解决离婚者日益增多的问题，特意邀请一位研究婚姻问题的老教授前来讲学。

须发皆白的老教授，走进教室，把随手携带的一沓问卷和两个玻璃杯子放在书桌上，没有开始讲课，首先拿起粉笔在黑板上写下一行大字："世界上没有失败的婚姻。"

讲台下立即嗡嗡作响，显然大家对老教授的话不以为然。

过了一会儿，老教授等到教室里平静下来，开口提了一个问题："谁感觉自己的婚姻是和谐的，请举手。"教室里没有一个人举手。

老教授又微笑着说："既然大家认为各自的婚姻都不和谐，那么这里有一份问卷，我所知道的婚姻不和谐的原因都在上面，请大家选择，问卷上没有的原因可另写。但是，诸如吸毒、赌博、暴力等涉及法律的问题，不在婚姻学家的研究范畴之内，如有此类情况请及时与公安机关联系。"讲台下一阵窃笑。

大家拿起问卷一看，看到上面写着一百多个答案：对方固执、任性、抽烟、喝酒、跳舞、吝啬、唠叨、狂热工作、迷恋上网……

老教授收回问卷，然后逐一向大家展示。大家发现，每份答卷都只选择了一个或者两个答案。

"现在我再调查一下你们目前的家庭状况。"老教授又向每人发了一份问卷，上面密密麻麻地写着一百多个问题：收入是否够维持生活？是否为你买过礼物？是否有孩子？孩子是否健康活泼？生病了是否及时治疗？生病后是否得到过对方的照顾……

老教授再次收回问卷，又逐一向大家展示，每份答卷上几乎全是肯定的回答。老教授把两份问卷放到面前，缓缓地说："你们的婚姻并无不妥，之所以感到不如意，只是由于人为地放大了婚姻中一些细微的瑕疵，忽视了身边的幸福。"

说着，老教授接来一杯清水，取出钢笔，挤出一滴墨汁滴入水杯中，那滴墨汁在水中缓缓下降，最终沉入杯底，杯子里的水依旧是清澈的。

这时，老教授用手指搅动清水，杯底的墨汁马上向上翻腾，杯子里面的水随即变得浑浊起来。这次，杯子里的水用了近三分钟的时间才恢复了清澈。老教授又慢慢地把清水倒入另一个杯子，然后把原来杯子底部的墨汁倒掉，另一个杯子里的水已经清澈如初。

看着台下若有所思的众男女，老教授语重心长地说："滴墨入水，搅则变浑，婚姻何尝不是如此？"

老教授拿起粉笔，接着黑板上那句"世界上没有失败的婚姻"后面写下了另一行大字："前提是别搅浑那杯清水。"

"想一想，究竟是谁搅浑了你们婚姻的清水？"教授转过身来，突然严厉地质问。台下众男女不禁怵然动容，鸦雀无声。

每个人身上都有缺点，但这并不妨碍我们追求完美的热情和勇气，并不妨碍我们如牡丹一样高贵地绽放。

同样，滴入婚姻清水中的那滴墨汁，也往往是日积月累形成的，其中掺杂着太多的外界环境的影响与人性的弱点，阻止那滴墨汁的形成或许不可能，但是我们不去搅动它，再想办法把它倒掉还是可以做到的。事实上，婚姻的清水里滴入墨汁并不可怕，可怕的是我们不去思考怎样倒掉墨汁，而是不停地搅动清水。

TIPS：婚姻幸福的密码

密码1：彼此尊重，接受对方的差异

男人和女人的价值观有着本质的不同。男人动辄提供解决方案，使女人的感受无处诉说；女人不请自来地给予忠告，让男人羞愤和光火。

男人和女人最大的差别之一，就是对待压力的方式不同。当压力来临时，男人的精神和意志高度集中，变得沉默寡言；女人面对压力，一时间不知所措，容易情绪化。男人除非把问题解决，才能摆脱压力，获得释放；女人则只要把问题说出来，就可以得到宣泄。

男人和女人的不同，由此可见一斑。只有尊重和接受彼此的差异，才能和谐相处。

密码2：男人学会倾听，女人停止抱怨

当压力来袭，女人本能地开启心灵，畅谈她的问题、心情和感受，让男人应接不暇。其实，女人只是想把真实的感受说出来，唤起他人的理解和共鸣。这时候，男人的倾听和交流就显得异常重要，它能使女人的压力逐

渐减轻。同样地,女人如果怨言不绝于口,男人自觉是个失败者,因为他渴望成为女人心目中的"英雄"。所以女人应当停止抱怨,改变沟通方式。

密码3:给予对方所需要的

理解伴侣基本的爱情需求,是改善情感关系的一大秘密。

男人和女人基本的爱情需求存在很大差异。女人需要得到关心、理解、忠诚等,男人需要得到的是信任、认可、欣赏等。女人一再付出,却忘记她心爱的男人需要的爱是别的形式;男人把注意力集中在他的爱情需求上,却往往忽略一个事实:他心目中爱的方式并不是女人所需要的。给予对方所需要的才是对的。

密码4:精神上共同成长

婚姻是一座新房子,而爱情仅仅是打开房门的钥匙。至于房子要有什么样的设计,进行怎样的装修,还需要慢慢地考虑和商讨。其实维持婚姻最强韧的纽带,不是孩子,也不是金钱,而是一种精神上的共同成长,那是一种相互支持、相互信任,及在最无助和软弱时的相濡以沫。两个人之间的感情除了爱,还要有肝胆相照的义气,不离不弃的默契,以及铭心刻骨的恩情。

人生短暂,夫妻幸福的生活是最智慧的活法,在耄耋老年彼此搀扶双臂,回首往事的时候,才会充满着自信。

第九章

自转因缘,离苦得乐

1.放下抱怨,才能远离烦恼

人总是在追逐中感受到匮乏,在处处为自己着想中感到不安,在不情愿和抱怨中产生忧烦。

——海涛法师

"真讨厌,今天又堵车了,能不能每天不这么烦人。"也许当你早上到公司的时候也会这样和同事抱怨,然后你会发现自己一整天都在对这件事情耿耿于怀。

现实中存在不少这样的人,他们把抱怨当成是聊天的一个内容,而不会寻找其他的话题。即使没有特别的事情发生，人们可以抱怨的事情也可以是五花八门的：天气、交通状况、商场里拥挤的人群、银行里的长队、变老的事实、待遇太少、疾病的困扰、子女的问题等。

大多数人都会觉得抱怨是很好的发泄工具，在受到挫折或面临困难的时候放松自己的心情，然而往往忽略这种情绪对自己的严重影响。

唐朝宰相裴休是一个虔诚的佛教徒，他的儿子裴文德年纪轻轻就中了状元，进了翰林院，位列学士。但裴休认为儿子虽然科举成功，但还没有真正的人生历练，不希望他这么早就飞黄腾达。因此，他就把儿子送到寺院中修行参学，并且要他先从行单（苦工）上的水头和火头做起。

于是，这位少年得意的翰林学士不得不天天在寺院里挑水砍柴。每天，他累得要死，心中不免牢骚，抱怨父亲不该把他送到深山古寺中做牛做马。但父命难违，他也只好强自忍耐。时间一长，裴翰林又把心中的怨气发到了寺里的和尚头上，心说这里的方丈太不识趣了，我不如写首诗，让他给我换个轻松差事。

于是有一天，裴翰林担水的时候就在墙壁上题了两句诗：

翰林挑水汗淋腰，

和尚吃了怎能消？

该寺住持无德禅师看到后，微微一笑，当即在裴翰林的诗后也题了两句：

老僧一炷香，

能消万劫粮。

裴文德看过后，心说自己实在太浅薄了，从此收束心性，老老实实地劳役修行。

普通人有一个共同的毛病：肚子里搁不住抱怨，有一点点喜怒哀乐之事，就总想找个人谈谈；更有甚者，不分时间、对象、场合，见什么人都把抱怨往外掏，从而使自己的心情也很差。

有一位法师，他在乘坐公交车的时候，看到一位老太牵着她的孙子上了车，车上的人非常多，已经没有了座位。法师看这位老太太年龄已经很大了，于是就把自己的座位让给她，可是，这位老太太很心疼孙子，把座位让给了孙子坐。

这位法师在心中嘀咕道："我是看你年龄大，站立不稳，才给你让的座啊！"

过了两三站之后，老太太和她的孙子就要下车了。老太太回头四处张望着，她并不是在找法师，而是在车的后面有一位她认识的年轻人，她把这位年轻人叫了过来，让他坐到了这个座位上。

法师心中想："怎么有这种人呢？我让座位给你，你不坐了，也应该还给我啊，至少也应该向我表达一下谢意，却什么都不说，竟然还叫别人来这里坐。"

为了此事，这个法师耿耿于怀，总是想起这件事情。十多年过去了，他还在不停地向别人抱怨着这件事，以此来说明人性是多么自私。

其实，这位法师就没有做到放下，"放下"是事情过了之后，就不再牵挂，不再影响到自己。而这位法师却总是向他人抱怨这件事情，他因为这件事而耿耿于怀，甚至向人们谈论了十多年。

如果我们一遇到问题就开始无休止地抱怨，一味沉溺在已经发生的事情中，那么我们只会活在迷离混沌的状态中，看不见前头一片明朗的人生，生活也会失去很多乐趣。

心理学家说，人若有抱怨，应该说出来，才不会在心内郁积，憋出病来。这个说法基本上是没错的，但要说可以，不能"随便"说。生活中，哀伤、郁闷、不满都是每个人会有的情绪。如果人一味地去抱怨那些让人烦恼的事情，那么永远都不会有一个积极的心态去对待生活。抱怨的事情越多，就会觉得痛苦的事情越多，从而也会对生活失去希望。抱怨就像乌云一样，一直沉浸在其中，只会沦陷在痛苦的沼泽不能自拔。

2.世上本无完美，又怎么能追求得到

本来就无完美这种东西，众生皆是自己挖坑然后再跳下去。

——宏满法师

生活本就不完美，有的人偏偏要用"完美主义"看待生活，若不能如愿便开始纠结，若是过于执著且不肯变通，必然会陷入完美主义的心理误区。而完美主义者一定是失落最多的人，也一定是最痛苦的人。因为在他们的眼中看到的大多是不完美。

在《百喻经》中，有这样一则可笑而发人深省的故事。

有一位先生娶了一个体态婀娜、面貌娟秀的太太，两人恩恩爱爱，是人人称美的神仙美眷。这个太太柳眉、凤眼、樱桃小口，眉清目秀，性情温和，美中不足的是长了个酒糟鼻子。好像失职的艺术家，对于一件原本足以称傲于世间的艺术精品，少雕刻了几刀，显得非常突兀、怪异。

这位丈夫对于太太的鼻子终日耿耿于怀。一日出外经商，行经贩卖奴隶的市场，宽阔的广场上，四周人声沸腾，争相吆喝出价，抢购奴隶。广场中央站着一个身材单薄、瘦小清癯的女孩子，正以一双汪汪的泪眼，怯生生地环顾着这群如狼似虎、决定她一生命运的男人们。这位丈夫仔细端详这位女孩子的容貌，突然间，他被深深地吸引了。好极了！这个女孩子的脸上长着一个端端正正的鼻子，于是，他不计一切买下了她！

这位丈夫以高价买下了长着端正鼻子的女孩子，兴高采烈地带着女孩子日夜兼程地赶回家，想给心爱的妻子一个惊喜。到了家中，把女孩子安顿好之后，他用刀子割下了女孩子漂亮的鼻子，拿着血淋淋而温热的鼻子，大声疾呼："太太！快出来哟！看我给你买回来最宝贵的礼物！"

"什么样贵重的礼物，让你如此大呼小叫的？"太太疑惑不解地应声走出来。

"喏，你看！我为你买了个端正美丽的鼻子，你戴上试试。"

丈夫说完，突然抽出怀中锋锐的利刃，一刀朝太太的酒糟鼻子砍去。霎时太太的鼻梁血流如注，酒糟鼻子掉落在地上，丈夫赶忙用双手把端正的鼻子嵌贴在伤口处。但是无论他怎样努力，那个漂亮的鼻子始终无法粘在妻子的鼻梁上。

可怜的妻子，既得不到丈夫辛苦买回来的端正而美丽的鼻子，又失掉了自己那虽然丑陋但是货真价实的酒糟鼻子，并且还受到无妄的刀刃创痛。而那位糊涂丈夫的愚昧无知，更是叫人可怜！

生活也是这样，有些人以为自己是在追求完美，其实他们才是最可怜的人，因为他们是在追求不完美中的完美，而这种完美，根本不存在。

宏满法师说："学会接受不完美，则凡事都会完美，连残缺也成了一种完美。能接受自身的不完美，也能接受他人的不完美，这样的人才活得自在、快乐、潇洒。从某种意义上说，不完美是上天赐予我们的恩惠。如果一切都是完美的，也就没有了发展空间。没有最好，只有更好。"

有一句话叫："水至清则无鱼，人至察则无徒。"这就是过于追求完美，一旦不完美就变得不能忍受，最后也没能拥有完美。要学会时刻提醒自己生活并不完美，我们不要抱怨那么多，也不要有那么多奢念，我们要以完美的心，接受并不完美的人生。只有真正懂得包容不完美的人，才能获得更多的完美。

一个渔夫驾着船在海上辛苦劳作了很久，都没有收获。在他灰心丧气的时候，发现在渔网上有个东西在闪闪发光，拿过来一看，竟是一颗晶莹剔透的大珍珠。渔夫非常高兴，他没想到一天毫无收获之时居然天上掉下了个大珍珠。

渔夫仔细地欣赏着这颗看上去就价值不菲的珍珠，他在手里不断把玩着，却突然发现珍珠上有一处小小的疵点，影响了珍珠的美观，渔夫想，也许会影响珍珠的价值，如果能够剥去一层皮，疵点也许就没有了。

渔夫拿来锉刀真的剥去一层，疵点就浅了很多；又剥去一层，疵点又浅了许多；再剥去一层，再剥一层……

疵点没有了，珍珠也消失了。

世界上从来就没有完美的人，也没有完美的事物。刻意追求完美，只能使自己失望或尴尬。

有一个老人，活到70岁的时候仍然孤身一人。并不是他不想结婚，而是因为他一直在寻找一个在他看来十分完美的女人。当有人问他："你活了几十年，走了那么多地方，始终在寻找，难道你没能找到一个完美的女人吗？"这时候，老人非常悲伤地说："是的，有一次我碰到了一个完美的女人。"那个发问者说："那么为什么你们不结婚呢？"

老人伤心地说："没办法，她也正在寻找一个完美的男人。"

这个老人苦苦追寻了一辈子的完美，最后还是不能拥有，这给我们的启示就是：人往往会为了追求完美而让生活变得更加不完美。

俗话说："金无足赤，人无完人。"不仅要包容别人的不完美，还要包容自身的不完美，面对世间的种种残缺，我们要拥有一个懂得欣赏和享受的心境，任凭风雨变幻，任凭花开花落，开始享受生活赐予我们的，不做过多奢求，不刻意追求完美，自然能够内心满足，活得快乐。

人生不要对生活太苛求，世上本无完美，又怎么能追求得到？只要我们想得开，一切都完美，也就是心境上的完美。

3."心美"就是禅

> 宇宙给每个人应有的回报。假如你笑，它也回报你笑；假如你忧愁，悲观就会笼罩着你。
>
> ——海涛法师

有句话叫做："这个世界并不缺少美，只是缺少发现美的眼睛。"所以我们应该拥有"发现美"的眼睛。所谓禅者，就是指会发现美，会欣赏生活的美的人。这样就不会遗漏生活里的美好的细节，更不会在行路艰难的时候只看到灰暗丑陋的一面。

禅者有一颗"美心"，所谓"心美，一切皆美"，这个"心美"就是禅。懂得欣赏，平凡枯燥的生活也有它的温馨，身处嘈杂的闹市之中也能感觉很美；不懂得欣赏，身处人间仙境也会觉得毫无趣味。陶潜的诗："晨兴理荒秽，带月荷锄归。"本来是天刚亮就去下地干活，干到晚上才能归家，却被他看成"带月"归家，这难道不是一种美的感受吗？

美和丑其实是相对的。有个故事是这样的：一天，美和丑相约一起去海边游泳，美穿的是美丽的外衣，而丑穿的则是丑陋的外衣。二人游泳完后，丑先上的岸，随便拾起一件外衣就穿上了，随后美也上了岸穿上了外衣，二人就回家了。但回到家中才发现衣服穿错了，此时丑发现自己很美，而美发现自己很丑。

要知道一切皆为生活美。以禅心观世界就能看到世界的美。对人对事也可以发现美，发现好的方面，只需要我们用心去感受、去欣赏。

一个年轻人来到一个陌生的地方碰到一位老人，年轻人问："这里如何？"老人却反问道："你的家乡如何？"年轻人说："简直糟糕透了。"老人接着说："那你快走，这里同你的家乡一样糟。"

又来了另一个年轻人问同样的问题，老人也同样反问，年轻人回答说："我的家乡很好，我很想念家乡……"老人便说："这里也同样好。"旁观者觉得诧异，问老人为何前后说法不一致？老人说："你要寻找什么，你就会找到什么！"

在不同人的眼中，世界也会变得不同。其实星星还是那颗星星，世界依然是那个世界。我们用欣赏的眼光去看，用心去发现很多美丽的风景；若带着满腹怨气去看，我们就会觉得世界一无是处。

当我们生病时，一句温暖的问候，失败时，一声亲切的安慰，这些不都是美的表现吗？不要只看到"生病"与"失败"。所以看到任何事都觉得美，都觉得有一种好意，那么生活自然就会蒸蒸日上。

苏轼的《题西林壁》这样写道："横看成岭侧成峰，远近高低各不同。"有的时候我们遇到了困难，看上去毫无解决办法，根本解决不了。其实不然，那是因为我们不懂得换个方向来看，只顾着一味地向前冲，忽略了事情最好的解决方法。

一切事物都有其多面性，我们自己的生活又何尝不是？我们需要做的是调节自己的角度，去感受它的不同。看好的一面，是为了提醒自己同样拥有幸福，总觉得还有前进的动力，哪怕很艰难。

有的时候，换一个角度，换一个想法看待事物，那么就一定会有不同的感受。一位大师在山里修行数十载，练出了移石之术。他就站在巨石前面，转身对人说："你们看，我把巨石移到身后了。"这就是一种生活的智慧。

生活可能让我们在这一面感觉非常艰难痛苦，而在背面却隐藏着幸福，我们在忍受痛苦的时候，不要忘记换一个角度再看，也许就会让我们燃起希望，让我们在艰难之中聊以慰藉，安然度过这个过程。

一位单身女子刚搬了家，她发现隔壁住了一户穷人家：一个寡妇与两个小孩子。

有天晚上，那一带忽然停了电，那位女子只好自己点起了蜡烛。不一会儿，忽然听到有人敲门。

她打开门发现是隔壁邻居的小孩子，小孩子很紧张，问道："阿姨，请问你家有蜡烛吗？"

女子心想："他们家竟穷到连蜡烛都没有吗？我千万不能借他们，否则他们以后就会经常来借。"

于是，她对孩子吼了一声说："没有！"

正当她准备关上门时，那小孩展开关爱的笑容说："我就知道你家一定没有！"说完，竟从怀里拿出两根蜡烛，说："妈妈和我怕你一个人住又没有蜡烛，所以我带两根来送你。"

女子突然一阵自责，她感动得热泪盈眶，将那小孩子紧紧地拥在怀里。

这就是看问题角度不同造成的两种心理差异，单身女子总是一种防备之心看人，而邻居则是一种推己及人的方式看人，结果做出的事情也就不同。

拍照片角度不同，照出来的效果就不同；人生也是如此，当我们用一种角度看的时候，它会呈现出一种状态，当我们换一个角度看就会呈现出全新的状态。

换一个角度，换一个想法，就会有不同的收获。其实生活就是一面哈哈镜，换个角度看看，也许就会海阔天空，也许就会柳暗花明，把心念一转，看透事情的两面性，心胸自然也跟着开朗而宽大了。

4.把美的形象与美的德行结合起来

内在美如果不能冲破心灵的藩篱,对外开放,在外在上有鲜活的表现,形成外在美,它就只有孤芳自赏了。

——净空法师

美好的心灵来自善良的内心,它让人们肃然起敬。它不光愉悦了自己,还能给别人带来欢乐。心灵美是一种素质。这种素质,可以从他对人生、对社会、对他人以及对自己的思想感情和态度中得到体现。往往能从这个人极其平常的一言一行中得到充分体现!让旁人看得清清楚楚。外在美往往迷惑的是人的眼睛,而内在美却可以深深打动人的内心。

内在美是善良是爱心,是一腔能包容天地的博大胸怀,也是豁达乐观和朝气,还是勤劳勇敢和坚韧不拔,更是知识才学和追求。每个人对内在美都会有不同的解释。

中国古代的四大美女中,貂蝉有闭月之容,杨贵妃有羞花之貌,西施有沉鱼之颜,然而最美的当属王昭君,因为她不仅拥有有落雁之美,还兼有一颗悲悯之心。

传说王昭君在去匈奴和亲的途中,因太思念家乡便唱起歌来,天上的大雁听见了如此美妙的歌声,便都低头看去,见是一位貌美如花的女子,大雁竟忘记挥动翅膀,便掉落在地,这就是所谓的落雁之美!

王昭君的美丽不仅仅是外在的,出塞后,她给匈奴人民带去了粮食种子与文字,并教他们如何耕种,如何使用农作道具,如何看书写字。美丽的昭君在匈奴百姓的眼里简直就像仙女下凡,她的善良和温婉得到了许多匈奴百姓的爱戴。

王昭君用她的美给人民带来了和平安宁的生活，用她一生的努力，使两个民族和睦相处了六十多年。可以说，王昭君改变了整个匈奴，就如庞天舒所说的："这世间，只有女人的胸襟，可以融化战争的刀林箭丛与铮铮铁蹄。"那种宽广的胸襟，更是一种无言的美。

杨澜大家都非常熟悉，她是集传媒人、商人、社会活动家于一体的当代著名成功女性。她精于时尚，拥有自己设计的珠宝品牌，不管在任何场合，她都会以干练精致的着装出现。同时，她才华横溢，由内而外散发着睿智与知性，她主持的《天下女人》，甚至连被采访者都觉得，她的亲切和蔼与乐观，让她拥有着一副让在场的"天下女人"都唏嘘的魅力。

杨澜早在1997年就投身公益事业，1997年她写的书《凭海临风》出版，就把第一笔稿费30万元捐给了希望工程。从此就与公益结下了不解之缘。她曾担任过国内各种大型公益活动的形象大使，比如：环保大使，中华慈善总会慈善大使，义务献血形象大使，绿色大使等。她乐此不疲地频繁出席各种公益活动，甚至免费代言了无数的公益广告。她将"阳光媒体投资"权益之51%无偿捐赠给社会，建立"阳光文化基金会"。近几年她又设立"汶川大地震孤残儿童救助专项基金"。她身体力行，和丈夫吴征先生经常慷慨解囊，资助各个慈善机构和个人，比如他们赞助"母亲水窖"等工程。她到哪里都不会忘记宣传慈善的力量。从最初零星地帮助贫困者，到成立"阳光文化基金会"将阳光媒体投资集团权益的51%无偿捐献给社会，慈善对于杨澜，由"一时兴起的善心"变成了一种生活方式。

美如果只存在于人的心灵世界、内部世界，没有办法广泛和迅速地感染到人，形成影响，是称不上魅力的。美不是静止的存在，它存在于人和人的沟通交往中。内在美如果不能冲破心灵的藩篱，对外开放，在外在上有鲜活的表现，形成外在美，它就只有孤芳自赏了。

如果将美比喻成一棵树，那么内在美便是树根，外在美便是树叶、树枝。树不可无根，树也不可无叶无枝，内在美和外在美便因这种关系而相互依从。真正的美是兼具二者的美。

东西也好，人也罢，徒具其表，金玉其外，败絮其中，这样的美转瞬即逝；而如果只有内在美，则很难在第一时间被人所发现，需要较长的时间让人慢慢去品味，有时候往往在别人发现之前，就被埋没了。

哲学家培根曾经说过这样一句话："把美的形象与美的德行结合起来吧！只有这样，美才会放射出真正的光辉。"

5.缺憾往往也能成就"完满"的人生

殃咎之来，未有不始于快心者，故君子得意而忧，逢喜而惧。

——弘一法师

佛祖有言：人生，须得悦纳一切苦与乐。活在世间的众生，总是感慨苦多于乐，要离苦才能得乐，其实，苦乐本就是一体的。人生苦乐参半，痛苦与快乐常常相伴相生。有人说人生痛苦多于快乐，但也有人认为痛苦的后面一定是快乐。苦与乐就像天空的昼夜，没了白昼的光明就无所谓夜的黑暗，没了夜的宁静就没有了昼的热闹，我们生活在忧伤与快乐中，痛并快乐着。

有一户农家人的院子里种着几畦哈密瓜，到了收获的时候，他们就能采摘到又大又甜的哈密瓜。一个六七岁的小男孩正津津有味地吃着哈密瓜，爷爷看着他吃得开心，就问他："哈密瓜甜不甜？"小男孩说："甜，比蜜还要甜哪！"

爷爷笑呵呵地问他："上次哈密瓜栽秧的时候，你记不记得我让你做了什么？"

小男孩想了想说："您让我把苦巴豆埋到地里。"

爷爷又问："苦巴豆是什么味道你知道吗？"

小男孩不好意思地回答道："我上次偷吃了一把苦巴豆，比药还苦，我喝了好多水才不苦了。为什么要在哈密瓜的秧苗下埋上苦巴豆呢？哈密瓜不会变成苦的吗？"

"哈密瓜在下秧前，先要在地底下埋上一把苦巴豆，瓜秧才能苗壮成长，结出蜜一样的果实来。巴豆的苦，变成了哈密瓜的甜。苦能够化成甜，甜也能够化成苦，所以，这世上无所谓苦乐之分啊！"爷爷笑着回答说。

季羡林老先生也曾说过："每个人都争取一个完满的人生。然而，从古至今，海内海外，一个百分之百完满的人生是没有的。所以我说，不完满才是人生。"

有一位禅师每日与众人宣讲佛法，都离不开："快乐呀，快乐！人生好快乐！"可是有一次他得病了，在生病中不时喊叫着："痛苦呀，好痛苦呀！"

另外一位禅师听到了，就来责备他："你一个出家人，生病了，老是喊苦，多难看呀！"

生病的禅师说："健康快乐，生病痛苦，这是顺其自然的事，为什么不能叫苦呢？"

另一位禅师说："记得当初你有一次，掉进水里，快要淹死了，你还是面不改色，那种豪情如今何在？你平时都讲快乐，为什么到生病的时候，要说痛苦呢？"

禅师抬起头来轻轻地问道："你刚才说我以前讲快乐，现在都是说痛苦，请你告诉我，究竟是说快乐对呢？还是说痛苦对呢？"

这则故事很好地告诉我们，完满与不完满都是一个相对的概念，当我们能够把生活中那些不如意的事情看成人生的重要组成部分的时候，那么人生就是完满的；而当我们把它看成是一种缺憾的时候，人生就是不完满的。

弘一法师说："世间本来就是不完满的，过去不是，现在不是，将来也不是，现实就是以缺陷的形式呈献给我们的。每个人都有自己的缺憾，只有带着缺憾的人生，才是真正的人生。我们总是抱怨自己的生活中有很多不如意的事情，充满了苦难，却没有意识到这是我们人生必要的组成部分。"

一位即将圆寂的老和尚想从两个徒弟中选一个做为衣钵传人。有一天，老和尚把徒弟们叫到他的面前，对他们说：你们出去给我拣一片最完美的树叶。两个徒弟遵命而去。

不久，大徒弟回来了，递给师傅一片并不漂亮的树叶，对师傅说：这片树叶虽然并不完美，但它是我看到最完美的树叶。

二徒弟在外面转了半天，最终却空手而归，他对师傅说：我看到了很多很多的树叶，但是怎么也挑不出一片最完美的……最后，老和尚把衣钵传给了大徒弟。

有这样两个少年：他们一个喜欢弹琴，想成为一名音乐家；另一个爱好绘画，想成为一名美术家。然而，一场灾难让想当音乐家的少年，再也无法听见任何声音；那位想当美术家的少年，再也无法看到这个五彩缤纷的世界。

两个少年非常伤心，痛哭流涕，埋怨命运的不公。这时，一位老人知道了他们的遭遇和怨恨，就对耳聋的少年用手语比画着说："你的耳朵虽然坏了，但眼睛还是明亮的，为什么不改学绘画呢！"然后，他又对眼瞎的少年说："你的眼睛尽管坏了，但耳朵还是灵敏的，为什么不改学弹琴呢？"两个少年听了，心里一亮。他们从此不再埋怨命运的不公，开始了新的追求。

改学绘画的少年发现耳聋了可以使自己避免一切喧嚣的干扰，使精力高度专注。改学弹琴的少年慢慢地发现失明反而能够免除许多无谓的烦恼，使心思无比集中。

后来，耳聋的少年成了著名的画家，名扬四海；眼瞎的少年终于成为音乐家，享誉天下。他们相约去拜见并感谢那位老人。

老人笑着说："不用谢我，该感谢你们自己，因为你们自己看得开才能够获得今天的成就啊。"

人生的缺憾往往也能成就"完满"的人生。偶尔的失意和失去虽然是一种缺憾，但它却让我们的生活变得像波涛汹涌的大海，多姿多彩。若是人生真的能够事事如意，那我们的人生就是一潭死水，毫无亮点。人生的完满与不完满始终是相对的，完满到了极致就是不完满，不完满往往意味着完满。

6.拥有豁达的心境

大肚能容，容天下难容之事；开口常笑，笑世间可笑之人。

——佛界楹联

雨果曾经说过："世界上最宽阔的是海洋，比海洋更宽阔的是天空，比天空更宽阔的是人的胸怀。"

人生如旅途跋涉，难免会有凄风苦雨相伴。豁达是一种历练后的成熟。古人云：人生不如意事常八九，可与人言仅二三。不同的人对于人生的不如意，也有着不同的接受方式。有的人会自哀自怜，怨天尤人。豁达的人则会把它当成锻炼自己的机会，并能换个角度去考虑，因此所有的不开心便如过眼云烟，一笑而过。

佛界有一对楹联："大肚能容，容天下难容之事；开口常笑，笑世间可笑之人。"

曾有一个有趣的佛家故事更好地说明了这一点。

三伏天，禅院的草地枯黄了一片。"撒点草籽吧！好难看呀！"小和尚说。

师父挥挥手："随时！"

中秋，师父买了一包草籽，叫小和尚去播种。

秋风起，草籽边撒、边飘。"不好了！好多种子都被吹飞了。"小和尚喊道。

"吹走的多半是空的，撒下去也发不了芽。"师父泰然说，"随性！"

撒完种子，跟着就飞来几只小鸟啄食。"糟糕！种子都被鸟吃了！"小和尚急得跳脚。

"没关系！种子多，吃不完！"师父微微一笑说，"随遇！"

半夜一阵骤雨，小和尚早晨冲进禅房："师父！这下真完了！好多草籽被雨冲走了！"

"冲到哪儿，就在哪儿发芽！"师父摆摆手，"随缘！"

一个星期过去了，原本光秃秃的地面，居然长出许多青翠的草茵。一些原来没播种的角落，也泛出了绿意。

小和尚高兴得直拍手。

师父静然说："随喜！"

只要有一种看透一切的胸怀，就能做到豁达大度。把一切都看做"没什么"，才能在慌乱时，从容自如；忧愁时，增添几许欢乐；艰难时，顽强拼搏；得意时，言行如常；胜利时，不醉不昏而有新的突破。

只有如此放得开的人，才可能是豁达大度的人。

凡事放得开来，不去主动制造烦恼的信息来刺激自己，即使面对一些负面信息、不愉快的事情，也要处之泰然，做到"身稳如山岳，心静似止水"，"任凭风浪起，稳坐钓鱼台"。这既是一种坚守目标、排除干扰的良策，也是一种豁达的表现。一个人假如处处在琐事中纠缠不休，就容易被小事所累，一生也必将一事无成。当然，放开并不等于逃避现实、麻木不仁，也不是看破红尘后的精神颓废和消极遁世，而是在奔向人生大目标途中所采取的一种洒脱、豁达、飘逸的生活策略。凡事看开一点，超脱一些，得到的无疑是潇潇洒洒、豁达轻快的生活。倘能如此，我们一定会拥有一个幸福美好的人生。

人生有顺境逆境，经济有高低起伏，因此是否豁达往往能在关键时刻决定一个人的未来发展。豁达是一种人生的态度，但从深层次看，豁达更是一种待人处世的思维方式。

豁达是一种襟怀和气度，是一种格调和心境，更是一笔宝贵的精神财富。有了豁达，生活中便会多几分和谐、几许宽适、几分灵性、几许悟性。你会更加热爱生活，追求卓越，从而安静坦然地走自己的路，含笑而自信，既不自卑又不张扬。

7.随遇而安，随喜而作

思量事累苦，闲着便是福。思量饥寒苦，饱暖便是福。思量疾病苦，健康便是福。思量危难苦，平安便是福。思量监禁苦，安居便是福。思量死来苦，活着便是福。

——天然禅师

《菜根谭》上说："万事皆缘，随遇而安。"人生的自得与悠然欢喜全靠这"随缘"的心境。佛家有云："随遇而安，随缘生活；随心自在，随喜而作。

若能一切随他去，便是世间自在人。"要做世间自在人，就要先从内心做起，内心不受到拘束，也不受到干扰才行。

老和尚和小和尚行走遇见了洪水，小和尚愁眉苦脸的，老和尚却毫不在意，小和尚劝师父赶紧走，老和尚说："难道山下就没有洪水吗？"三天后洪水退去，老和尚说告诫小和尚：无论遇到什么事都不要惊慌，一切都会过去的。这就是随缘而活。

有赵州禅师师徒二人论道，比比谁把自己说得最脏最臭。师父说："我是驴。"徒弟说："我是驴屁股。"师父再说："我是驴屎。"徒弟说："我是驴屎里的蛆虫。"师父问："你在驴屎里做什么？"徒弟说："我在里面乘凉啊！"星云大师说，这个"乘凉"就反映了一种随遇而安、逍遥自在的心态。

有个人请求禅师题个字，禅师送了"父死子死孙死"六个字。这个人认为不吉利，很不高兴。禅师就给他解释说："这是世界上最好的话了。先是父死再是子死，最后是孙子死，这是最符合自然规律的，难道你希望儿子或者孙子先死？"

抗战时期，梁实秋迁居重庆乡下，在主湾山腰买了一栋平房。这房完全是"陋室"的模样：有窗而无玻璃，风来则洞若凉亭，有瓦而空隙不少，雨来则渗如滴漏，附近有高粱地，有竹林，有水池，有粪坑。就是这样的地方，却被梁实秋起了个名字叫"雅舍"，而梁先生则在此一住七年。梁实秋深知此中苦乐滋味，在此间写下了风动一时的《雅舍小品》。

人因为执著的东西太多，所以得到的烦恼也更多。不能抛舍的东西太多太多了，所以导致人生很累很苦，总是提心吊胆，患得患失。太多的人在面对一些状况的时候不肯接受，比如工作的升迁或者降职，总是不能随遇而安，反而把这样的事情堵在心里，不得解脱，久而久之，生活就会变得越来越沉重。

宋朝留下了一座庙，这座庙门上有一副对联："得一日粮斋，且过一日。有几天缘分，便住几天。"这是一种万事随缘的心境，从不会为外物所累，"有粮多吃，无粮少吃"并不是要我们万事消极，而是说在没有粮的情况下不要哀叹粮食不足，而要享受这一过程，因为即便再哀叹，"粮食"也不会凭空多出来。

丹霞天然禅师从小就学习儒家经典，长大后打算进京赶考，却在路上遇到了一位行脚僧，僧人便问："您这是要到哪里去？"

天然禅师回答说："赶考去。"

僧人说道："赶考怎么能比得上选佛呢？现在江西的马祖道一禅师出世，您可以到那里去。"

于是天然禅师就改道南行，毅然放弃了赴京赶考的打算，来到江西去参拜马祖禅师，他向马祖禅师表明来意后，马祖禅师就告诉他前往湖南石头禅师那儿参学，并对他说："没有剃度不要回来。"

天然禅师又赶到南岳，见到石头和尚就说请他为自己剃度。石头和尚并没有立即给他落发，只是说："你到糟厂舂米去吧。"天然禅师就在厨房干了三年的杂活。

三年后，石头和尚很满意，欣然为他剃度。

天然禅师开悟后，就又去江西去拜见马祖禅师，他径直来到僧堂内，骑坐在菩萨像上，众人一看，吓了一跳，就赶忙把这件事报告给马祖禅师，马祖道一禅师见是他，便笑着说道："我子天然。"

天然禅师就立即从菩萨身上跳下来，向马祖禅师行礼后说："多谢大师赐我法号。"天然禅师的名号由此而来。马祖禅师说道："你终于懂得了随遇而安，随喜而作。"

佛家讲："繁荣的随它繁荣，枯萎的任它枯萎。"确实，当一件事情发生了的时候我们无力改变就要接受，还要开开心心地接受，不做愁眉苦脸的"苦行僧"，而要容得下万物，过眼云烟如浮云，我自随缘过千年。

"随遇而安，随喜而作"的人生态度不仅是一种洒脱，更是一种境界。如果我们都能够有一种无牵无挂、无忧无虑、知足豁达的人生态度，一份淡泊宽大的心境，那么无论我们身在何处，都能够找到属于自己的生活。

8.懂得加减法，人生永不绝望

> 佛法讲"无常"，无常就是不会永得，也不会永失；人生不会都是加的，也不会都是减的。
>
> ——星云大师

星云大师说：人生有时候是一帆风顺的，所谓商场满意、情场得意、官场快意，这都是"加"的人生；但有时候事业上的失意、人情上的恨意、生活上的无意、朋友间的歉意，这都叫"减"的人生。人生本来就像潮水一样，起起落落，有高潮有低潮，这就是"加加减减"的人生。

一天，一位樵夫像平时一样来到山上砍柴。他决定砍一棵粗壮的大树，因为可以多卖一些柴。他开始用斧头和锯子轮流劈砍和磨锯大树，这棵大树非常粗壮，他一直干到了傍晚也没有成功，经过片刻的休息，他又重新砍树，此时天已经越来越黑了，樵夫为了抓紧时间，加快了砍树的节奏。眼看着大树就要断了，可没想到大树正在他低着头的时候迅速倒了下来，压在了他的腿上。

顿时鲜血直流，樵夫疼得冒出了冷汗，他使尽了浑身的力气，也不能将腿上的大树移开。他开始意识到这棵树实在太大了，根本不可能移开。樵夫转而用尽力气喊人，因为天色已经太晚，山上其他的樵夫早就回家了，他喊了半天也没有回应。

樵夫知道，自己在这里时间拖得越久危险就越大。看到旁边的锯子，他狠下心用锯子朝自己的腿上用力拉。钻心的疼痛几乎让他晕死过去。樵夫忍着剧烈的疼痛，用惊人的意志力锯断了压在大树下的腿，然后用衣服包好伤口，最后终于艰难地爬到了有人居住的地方。

他的命保住了，可是那条腿却不可能再接上。不过医生说，如果不是他当时果断地剧掉压在树下的腿及时来到医院，那么他的生命就会因为拖延太长时间而难以得到保全。

有一位哲人说人生如车，其载重量有限，超负荷运行促使人生走向其反面。人的生命有限，而欲望无限。我们要学会辨证看待人生，看待得失，用减法减去人生过重的负担。否则，负担太重，人生不堪重负，结果往往事与愿违。

柳宗元在《柳河东集》中写了一篇文章叫《蝜蝂传》。蝜蝂是一种很会背东西的小虫子，爬行时遇到东西，它总要捡起来，抬起头来使劲地背上它，背的东西越来越重，即使疲劳到了极点，还是不停地往背上加东西。蝜蝂的脊背非常粗糙，东西堆积在上面散落不了。最后，蝜蝂终于压得倒在地上爬不起来了。有人很同情它，便替它去掉背上的东西。但是它只要能够爬行，仍要背上许多东西，直到扑倒在地，蝜蝂喜欢往高处爬，用尽了最大力气也不停止，一直摔死在地上为止。

每当面对取与舍的选择之时，很多人都会在有意无意之间选择取，因为在人看来，取便意味着得，舍便意味着失，于是在取舍之间，人们便自然而然地趋向于前者。然而，生活这门艺术并非如此简单，生活并不就像一加一等于二的数学公式，生活当中的取舍艺术也并不就是取与得、舍与失的一一对应关系。

若不能很好地面对生活中各种纷繁复杂的事物，不能对这些事物进行适度的取舍，那么人们在生活中的表现就不能算得上是明智的。生活中往往有些时候是"鱼"和"熊掌"不可兼得的，这个时候就要我们作出加减法，舍弃掉某些东西，才可以得到更多。

畅销书《谁动了我的奶酪》中有一句妙语："越早放弃旧的奶酪，你就会越早发现新的奶酪。"我们的人生可以说是一种动态平衡，有失必有得，在得到的同时，必定会失去些什么来作为交换。无论得与失，最终人生的天平还是会恢复平衡的。

有人曾做过一个试验：把一棵37.5公斤重的仙人球放在室内，一直不浇水。过了6年，那棵仙人球仍然活着，而且还有26.5公斤重。也就是说，经过6年时间，它只消耗了11公斤水。也曾有人发现，一棵在博物馆里活了8年的仙人掌，平均每年因生长而消耗掉的水分，仅占其总贮水量的7%。

那么仙人掌怎么做到如此的呢？为了减少蒸腾的面积，节约水分的"支出"，它的叶片已经慢慢地退化变成了针状或刺状。绿色扁平的茎也披上了一件非常紧密的角质层，里面还分布着几层坚硬的厚壁组织，这样就有效地防止了水分的散发。为了减少水分蒸发，仙人掌表皮上的下陷气孔只有在夜晚才稍稍张开，这样便大大地降低了蒸腾速度，防止水分从身体里跑掉。仙人掌十分难看，但是它非常耐活，仙人掌"减"掉了多余的枝叶和华丽的外表，换来的就是沙漠里静静地矗立。

一斤芝麻七元钱，一斤白糖三元钱，一斤芝麻加上一斤白糖却不是十元，因为做成芝麻糖会卖得更贵。所以人生的加减由我们掌控，生活要拿得起放得下，要主动做减法，给自己生活留下足够的空间。

生活就是一种取舍的艺术，"加"代表着拥有，代表索取，但是人生不是一个永远也填不满的聚宝盆，"加"的东西越多活得也就越累，人生加减法的哲理，能让我们减去烦恼、减去疲惫，收获更多的美好。

9.自己度自己

真正的宁谧，不是外在环境的无风无雨。越知道应付生活变数的人，越拥有创造性的适应能力。

——延参法师

人生就是阳光灿烂与风雨交加轮换交织的过程，每个人都难以避开自己不喜欢的风风雨雨，这是必须正视的命运。要避免在旅途中受到狂风暴雨的摧残，就要撑起自己遮风挡雨的雨伞。

雨季的一天，下着瓢泼大雨，一个男人在屋檐下躲雨，看见一位禅师打着雨伞走过来，大声喊道："禅师，度我一程如何？"

禅师看了一眼求助的男人，说道："我在雨里，你躲在屋檐下，何必要我度你呢？"

听禅师这么说，男人立刻冲到雨中："现在我也在雨中了，应该可以度我了吧？"

禅师说："我也在雨中，你也在雨中。我没有淋雨是因为我撑了雨伞，你挨雨淋了是因为你没有带伞。准确地说，不是我度你，而是我的伞度我。如果要度，不必找我，请你去找自己的伞。"

这个人浑身都湿透了，生气地说："不愿意度我就直说，何必绕这么大的圈子。我看你不是'普度众生'而是'专度自己'！"

禅师听了没有生气，心平气和地说："想要不淋雨，就要自己找一把伞。这些天来天天在下雨，下雨天出门不带伞，只想着别人肯定会带伞，理所当然会有带伞的人来为你遮挡风雨。别人的伞不大，自己也要靠这把伞来遮挡，你凭什么要拿伞的人来照顾你呢？"

最后，禅师还说："你自己不带好遮挡风雨的东西，只想着靠别人来度自己，这种想法最害人，到头来必定会遭报应的。"

记住禅师的告诫，做人要承担起对自己的那份责任，照顾好自己，不要指望别人为你遮风挡雨。

元代著名画家、诗人王冕，出生在贫困的农家。他从小生活就极为贫困。在他很小的时候，他就给富户放牛打工，帮助家里赚一点粮食。

家庭生活的贫穷并没有让王冕意志消沉，相反，他每天都很快乐，因为他能够读书。白天，他帮人放牛时常常去学舍旁听那里的学生诵读经书，虽然别人不让他进屋听课，他也乐在其中，就站在窗外旁听，常常忘记了放牛。

王冕再长大一点就四处借书、抄书看。由于家里没有钱置办油灯，到了晚上就没办法看书，他就跑到寺庙里去看，夜晚寺庙里各种雕像极为恐怖，小王冕却毫不在意，看书看得更加入迷。

就是在这样艰苦环境下，王冕学习了多年，终于获得了转机，得以拜会稽学者韩性为师，终于学成了一个通学大儒，成了当时人尽皆知、后人世代相传、名声流芳千古的文人画家。

你要想有力量去把握自己的人生轨迹，你的心灵里面必须阳光灿烂。即使你经常受到阵阵"疾风"的伤害，也不要让自己的心灵里面充满阴云。否则，没有拥抱人生的热情，没有迈步前行的力量，人生轨迹只会被动地七扭八歪，你一辈子会在郁郁寡欢中度过。

第十章

因缘际会，顿悟生命

1.呼吸在，所以你一切都在

> 人活着不过是在一呼一吸之间，呼吸在，所以你一切都在。
>
> ——圣严法师

虽然人生中有许多不确定的事，但有一件事是绝对确定的，那就是我们每一个人到最后，终究不免一死。把时间拉长，生死、死生是无尽的轮回。如同昨天、今天、明天的无尽延续，前生、今世、来生也是无始无终的联结，而贯穿无尽时间的是当下。这一刻是生，但对下一刻的生而言，前一刻的生已然是死。

人生的问题很多，但如果给以高度概括，那便不外"生死"二字了。通常人们关心生活，然而，生活只是生的一部分。

哲学、宗教历来重视探讨生的来源及死的归宿。

作为生命的科学，人生的智慧，对于生死的问题，不但有深刻的研究，还有解决的方法。

死对人来说，是无法回避的，生的末端便是死。谁不想长命百岁？但人活百岁终要死，世上没有长生不老药。当然，对死亡怀有恐惧并不奇怪，人一死，便会失去生活给他的各种美好事物。但一个人，如果你经历过人世沧桑，活着时尽职尽责地工作，没有虚度时光，那么应该死而无憾了。死亡是人生的终结，如同旅途的一个驿站。正像英国作家雨果临终前说的那样："生命的旅行，总有结束的时候，我该休息了。"

英国著名哲学家、散文家罗素对生死的理解很形象：每个人的人生都应该像河水一样，开始是细小的，流在狭窄的两岸之间，然后，热烈地冲过巨石，滑下瀑布。渐渐地，河道变宽了，河岸扩展了，河水流得更平稳了。最后河水流入海洋，不再有明显的间断和停顿，而后毫无痛苦地摆脱了自身的存在。

能这样理解自己一生的人，将不会因害怕死亡而痛苦，因为他们所珍爱的一切都将存在下去。

如果我们都能像罗素那样，把人生比作河水，不知不觉地融入大海，毫无痛苦地失去自身的存在，那就不会感到死的恐惧了。当死亡来临之际，坦然面对死亡，把它当作生命过程里的一个环节。像雨果那样，临终轻松地说："我该休息了！"

圣严法师说："人活着不过是在一呼一吸之间，呼吸在，所以你一切都在。"

日本知名作家村上春树也说："死亡并不是生命的反义词，它是生命的一部分。"

禅宗还有句名言："大死一番，再活现成。"

倘若不以身体作为死亡的依据，人的一生当中，总是要面临无数次死亡与重生的体验——大多数的人，终其一生，费尽心思追寻的是：得不到的财富、不确定的爱情、过眼云烟的名利，却很少人能够停下来想一想，要如何正视终须面对的死亡。生死其实是同一件事的两面，生时不能无忧，临死必将慌乱。

人生是一连串的未知、不确定，唯一可以确定的就是"死亡"，但却也是人们最难以接受的事实。悲恸、号啕与怨天尤人都于事无补，唯有坦然接受，好好准备。

然而，我们准备好了吗？

人的一生之中，有许多不如意的事，死亡无疑是不如意中最不如意的一桩。死亡和我们生命中所经历的失败或者失去是一样的，都令人感到无比沮丧，尤其是面对自己或亲友终将死亡的事实时，更是难以接受。

死亡，是很多人的忌讳，但是，谁又能决定死亡？死亡，到底教会了我们什么？面对生死，恐惧是多余的，唯有面对。面对"有生必有死"的必然现象，犹如天下没有不散的筵席；就像我们现在对谈，结束后就要分开。见面是缘，分开也是缘。分开以后会不会见面呢？以后是以什么样子的角色见面呢？在什么样的场合呢？

在《杂阿含经》卷第三十三中，佛陀以四种良马譬喻众生的根器。认为最利根的人听闻老病死苦，心中便会生出警惕，依正法思维而调伏身心，有如上等的良马见鞭影即知行进的方向。比较次等根器的人，则是在见到邻里有人受老病死苦时，便心生警惕而发心修行，这样的人有如次等良马，虽然不能在睹见鞭影时，即知前进，但只经鞭杖轻触毛尾后，便知如何行走。第三等善根的人，则是要见到自己亲近的人深受老病死苦时，方才惊觉而发心修行，就如第三等良马，要等鞭杖轻抽，肌体微疼后，才知策进。第四种人，则要自己身遭老病死苦的折磨之后，才能认真面对生命的苦恼，犹如拉车的马虽经鞭子抽打仍不知策进，非得以铁锥刺身，彻肤伤骨之后才惊觉，进而"牵车着路，随御者心，迟速左右"。至于顽劣难以教化的劣马，则是伸颈狂嘶，作势噬人，前脚跪地，后脚踢人，不愿就轭，即或受轭，稍受鞭杖，便断缰折勒，纵横驰走。

前生已逝，未来未到，这都不是我们可以掌握的。唯有每一个现在，是我们可以把握得住的。因此，我们不必因为终将死亡而变得消极虚无，也不必因为今生的不美满而寄望来世。把握"当下"的生活态度，其实就已决定我们的幸福与悲哀了。

在每一刻的现在，学习努力，并在每一刻的当下练习"为而不有"，那么，每一刻都将是圆满的结束，也就是崭新的开始。

2.生固欣然，死亦无憾

对于死亡，过度恐惧反而有损身体，明智的态度就是顺其自然，自由自在的生活。只有真正的修炼者，因为洞悉了永恒的真理与生命的真相，会逐步看淡生死，所以对死亡不会心存恐惧。

——著名佛学家、爱国宗教领袖赵朴初

就如同大自然的花开花落一样，人的生死就像白天和黑夜一样平常无奇。"人生自古谁无死"，死是万物新陈代谢的必然结果，不可抗拒的自然规律。

但是人们又都有希望生存、不愿死亡的愿望。因此，不论古今中外帝王，还是现代科学家，几千年来都在寻找"长生不老药"。当然，这是无济于事的，现在科学家只能找到抗老防衰、延年益寿的方法，而永远不会找到不死的"灵丹妙药"。所以，有人说："人从生下来就注定要一步一步走向死亡。"

因为人世间有真情在，所以古往今来人们总是为生离死别而哀伤悲泣。然而，"月有阴晴圆缺，人有悲欢离合，此事古难全"。陶渊明是豁达的，乐观的，所以他能以一语道破生死的问题："亲戚或余悲，他人亦已歌。死去何所道，托体同山阿。"

对于死亡，过度恐惧反而有损身体，明智的态度就是顺其自然、自由自在地生活。只有真正的修炼者，因为洞悉了永恒的真理与生命的真相，会逐步看淡生死，所以对死亡不会心存恐惧。

许多长寿名人，对死亡有着大度的乐观心态。

著名佛学家、爱国宗教领袖赵朴初，他对生死看得很透，在病床上还写下了这样的诗句："生固欣然，死亦无憾。"字里行间充满着辩证唯物主义的生死观，展现了他纯情超然的心灵境界。

南京大学111岁的博士生导师郑集，他专门写有《生死辩》："有生即有死，生死自然律。"这就是一个百岁老人对死亡的坦然。著名作家孙犁晚年自作无题诗："不自修饰不自哀，不信人间有蓬莱。冷暖阴晴随日过，此生只待化尘埃。"表现了他对死亡的超然大度。

有句古话，说视死如归，一个人如果能看淡生死，敢于视死如归，确实不是一件容易的事。历史上有两种人达到了这种境界，一种是在修行中历尽劫难沧桑，参透生死，对人生已经大彻大悟的人；另一种是胸怀高远大志，心有精神大义而能置生死于度外的人。

周恩来对死亡的态度非常理性，也非常超脱。他认为，死亡是人生的自然法则，有生必有死，有始必有终。一个人应当不怕死。如果打起仗来，要死就死在战场上，同敌人拼到底，中弹身亡，就是死得其所。如果没有战争，就要努力进取，拼命工作，鞠躬尽瘁，死而后已。

1975年9月，距离他逝世不到半年，在一次外交活动中，话题自然地转到主人的健康上来，周恩来开玩笑却言辞令人辛酸地说："马克思的'请帖'，我已经收到了。这没有什么，这是不以人的意志为转移的自然法则。"他还欣慰地说："邓小平同志将接替我主持国务院工作。邓小平同志很有才能，你们可以充分相信，邓小平同志将会继续执行我党的内外方针。"

周恩来不害怕死亡，不企求生命的重复，他唯愿有限的生命迸发出最大的光和热。如果把周恩来的人生观归结为一点，那就是"尽心尽力"的原则，有义务有能力去做的，就一定去做，争分抢秒地去做。尽心尽力了，就不枉为一生，就不会留下什么遗憾。周恩来给世人的印象是，他像负重的"牛"，像一架不断运转的"机器"，将身体和精神之能力发挥到了极致，正如他所崇拜的偶像诸葛亮一样，鞠躬尽瘁，死而后已。他给历史留下的是一个尽职尽责、辛勤劳作的总理形象。

孔子谓"杀身成仁"；孟子曰"舍生取义"；司马迁认为"人固有一死，死有重于泰山，或轻于鸿毛"。对死亡的态度恰好是对生的态度的反证。惧怕死亡的人往往在生活中患得患失，忧虑重重；而不怕死亡的人才能乐观进取，力争在有限的生命中创造出无限的事业。

总之，有生必有死，死亡永远伴随着生，寸步不离。人的生命同世间一切的生物一样，一旦死亡就不可能再次复生。如果因此而轻视或浪费生命，那也是不可原谅的错误。在死神召唤之前，我们还应充实地过好每一天。

莎士比亚有一段名言，足以令人回味："懦夫在未死以前，就已经死过好多次；勇士一生只死一次。在我所听到过的一切怪事之中，人们的贪生怕死是一件最奇怪的事情，因为死本来是一个人免不了的结局，它要来的时候谁也不能叫它不来。"

　　每个人都要顺其自然，正确对待死亡，把死亡看成是人生的必然"归宿"。即使面对死亡，也不必悲观，毋须惊骇，顺其自然，处之泰然。既然死亡不可避免，就应该在有限的岁月里，让生活充满阳光。

3.在修行中生活，在生活中修行

　　居尘学道，即俗修真，乃达人名士及愚夫愚妇皆所能为，生活就是修行。

——印光法师

　　净慧法师说过：所谓"生活禅的真谛"可以用两句话来概括：在生活中修行，在修行中生活。那么修行生活中的什么？草堂寺鸠摩罗什的舍利塔上刻着五个字：烦恼即菩提。生活里我们最不能忍受，最常见的情绪就是烦恼，所以我们首先要学会把烦恼修行掉。

　　其实烦恼就是生活，烦恼就是禅。"烦恼"和禅的转化至关重要，困难烦恼对人的逼迫、对人的扰动的状态不改变，人就无法解脱。并非有学问、有钱的人就没有困难；也并非是没有学问、没有钱的人就一定有困难，这些负面的东西每个人都有，既然它们出现在生活里我们就要认真对待，把它们当成是一种修行的契机，而不是一种烦恼。

　　除此之外，生活中还有许许多多的问题——生死问题、生活问题，或者职位高低、钱财多少、年龄大小、文化程度高低等都是问题，人与人之间的矛盾，如何解决，面对诽谤误会如何承受等诸事都是修行，或者说生活本身就是一种修行。

第十章
因缘际会,顿悟生命

有一个佛陀教育弟子不要兜圈子,要直截了当地从当下这一概念来修行。当下这一概念把握好了,就能在生活中了生死,在了生死中生活。这也就是我们平常所说的——在修行中生活,在生活中修行。

也就是说人生面对的实相就是生活,在生活中如何处理人生中的困惑,是一个至关紧要的问题。

法量禅师云游四海时,一次口渴便四处寻找水源,这时他看到有一个青年在池塘边踩水车,法量禅师就向青年要了一杯水喝。青年以一种美慕的口吻对禅师说道:"禅师,如果有一天我看破红尘,肯定会像您一样出家学道。不过,我出家后不会像您那样到处行走,居无定所,我要找一个可以隐居的地方,好好参禅打坐再也不露面,只潜诵佛经。"

法量禅师笑道:"那你什么时候看破红尘呢?"

青年回答说:"我们这一带只有我最了解水车,这是全村人的重要水源,我不能走,如果有人能接替我照顾水车,我就可以无牵无挂地出家了。"

法量禅师问道:"我问你,水车全部浸在水里,或完全离开水面会是什么样子呢?"

青年答道:"如果把水车全部浸在水里,不但无法转动,甚至会被急流冲走;同样地,完全离开水面也不能运上水来。"

法量禅师说道:"水车与水流的关系正说明了个人与世间的关系啊。一个人如果真心修道,那么出家还是在家其实都无关紧要,关键是要有一颗普度众生的佛心,即对社会的爱心和责任心。尽自己所能,在日常生活中把每一件该做的事情用心做好,既不沉于水底,也不浮于水上,这就可以称之为修行!"

所谓修行,就是先要把人做好。如果一个人见利忘义,恩将仇报,尖酸刻薄,对每个人都不好,那又怎么能够"修得正果"呢?生活就像是向前行走，我们既不羡慕别人跑得飞快，也不看不起爬行的人，一点点地向前走着，每走一步都踩出一个脚印来，将周围的风景牢记于心，这就是生活的修行。

印光法师有一句名言："居尘学道，即俗修真，乃达人名士及愚夫愚妇皆所能为，生活就是修行。"工作的时候努力工作、按时上下班，在家中孝顺父母、夫妻恩爱，朋友之间相互扶持、肝胆相照，生活里充满乐观积极的情绪，勤于家居，过好生活的每一天，这就是我们每个人都应该修行的啊。

4.大好光阴，切莫空过

虚生浪死，至为悲痛，生死事大，无常迅速，大好光阴，切莫空过。

——弘一法师

分清事物的轻重缓急，是让人受益终身的好习惯，也是成就事业的必备素质。

弘一法师说："有时候为了省几分钟，却浪费数小时。到了隧道尽头就把灯关掉，可能因小失大。抄捷径可能会走到你原本不打算去的地方。耐心比匆匆忙忙更能成功。鸡是从蛋里孵出来的，不是打破就能得到。"

豪威尔曾经是美国钢铁公司的董事，在他刚开始当董事的时候，开董事会总要花很长的时间。在会议里董事们讨论很多很多的问题，然而达成的决议却很少，结果，董事会的每一位董事都得带着一大包的报表回家去看。

后来，豪威尔说服了董事会，每次开会只讨论一个问题，然后作出结论，不耽搁，不拖延。这样所得到的决议也许需要更多的资料加以研究，也许有所作为，也许没有，可是无论如何，在讨论下一个问题之前，这个问题一定能够达成某种决议，结果非常惊人，也非常有效。

从那以后，董事们再也不必带着一大堆报表回家了，大家也不会再为没有解决的问题而忧虑了。

同时，有条不紊的做事习惯还能让人有成就感，避免工作的延迟和拖拉带来的紧张感和挫败感。

法国哲学家布莱斯·巴斯卡说："把什么放在第一位，这是人们最难懂得的。"对许多人来说，这句话不幸而言中。他们完全不知道怎样对人生的任务和责任按重要性排队，他们以为工作本身就是成绩。但经验表明，成功与失败的分界线在于怎样分配时间。

人们往往认为，这里几分钟，那里几分钟没什么用，但是它们的作用可大了。这种差别常常是很微妙的，常常要过几十年才看得出来。但有时这差别又很明显，为了取得最佳结果，我们常常要依据轻重缓急行事。

亚历山大·格雷厄姆·贝尔就是个例子。贝尔在研制电话机时，另一个叫格雷的人也试图改进他的装置。两个人同时取得突破。但贝尔在专利局赢了——比格雷早了两个钟头。当然，这两个人当时是不知道对方的，但贝尔就因为这120分钟而一举成名。

我们一般人很容易有手头上的事先解决的心理。其实，即使是迫在眉睫的工作也并非一定最重要。

我们若能站在高处重新审视全部的工作，不但能清楚地找出工作的主要目标，以往许多耗时的工作安排，也能重新有一个不同的评判。

全是重点就等于没有重点，不能将心力都放在一些小问题上。

有的时候，我们可能会觉得手头的工作杂乱无章，没有任何的头绪。那么，这个时候就需要我们分清事情的轻重缓急，熟练洞悉事物本质。人与人之间的贤愚差异并非在于头脑，而是在于是否具有洞悉事情轻重缓急及重要性的能力。

你也许听过"20/80法则"。这法则是说，你所完成的工作里80%的成果，来自于你所付出的20%。如此说来，对所有实际的目标，这法则极为有用，它能帮助我们抓住工作与生活的重点，找到真正重要的事物，同时忽略那些不重要的事物。

我们在处理并解决问题时，应多想些重要的事。我们不应被那些不重要的、没有什么意义的事情所淹没，而应该集中精力于大事上。对于目标的实现而言，将更多的精力投入"应该做的事"，无疑是一条事半功倍的成功之路。歌德说过这样一句话："不可让重要的事被细枝末节所左右。"

做最重要、最有价值的事的第一步，就是找出能产生80%绩效的20%付出。这需要你判断什么是最有价值的，需要有洞悉事物本质的能力。卓有成效的管理者从不把时间和精力花在小事情上，因为小事使他们偏离主要目标和重要事项。一旦知道了自己大部分时间花在了那些无谓的小问题上，或丝毫无助于提高他的工作效率的问题上时，他便会采取措施删去这些安排。人们只有在看到一份详细记录他的日程的材料后，才会认识到许多工作本可由比他级别较低的人去做，或者根本不需要做，因为他所做的工作并不是与他的薪金相称的。

工作的时候，我们需要把工作内容分为重点项目和非重点项目，就好像在学校的时候把课程分为必修课和选修课一样。

哪些重点是值得你花大力气考虑和投入时间的地方，但是如果每个地方都被你打上重点符号，那你的时间管理也是失败的。

著名时间管理大师赛托斯说："重点是你的重心需要偏移的地方，

重点是你需要着重强调的地方，你的工作日程不应该是一成不变的基调，它应该如同一首跌宕起伏的旋律，有高潮的紧迫感，也有平淡中的闲适感。"

5.爱自己,和另一个自我做朋友

我们只有凭借体内自有的韧性和生命力去战胜经常驾临的孤独感。能和自己做朋友,这才是自由的胜利。

——慧律法师

有时候一大帮人在一起打打闹闹，孤独的感觉却比一个人的时候还要强烈。因为你与周围的人格格不入,无法进入那种热烈的气氛里面,在这种热烈气氛的映衬下,你觉得自己更加孤独。而一个人的时候,海阔天空的遐想,反而没怎么觉得孤独。

可见,呼朋唤友,置身于喧嚣的人际,并不是驱除孤独的方法。

唯一的方法是哲学家说的"真正爱自己,依靠自己的力量"。

我们只有凭借体内自有的韧性和生命力去战胜经常驾临的孤独感。能和自己做朋友,这才是自由的胜利。这个朋友永远在你身边,无论你落魄,还是发达、开心、还是难过,他都在你身边,鞭策你、激励你、安慰你。

有人曾问斯多葛学派的创始人芝诺:"谁是你的朋友?"

他说:"另一个自我。"

人生在世,不能没有朋友,但在所有的朋友中,我们最不能忽略的一个朋友是自己。

能不能和自己做朋友，关键在于他有没有芝诺所说的"另一个自我"。这另一个自我，实际上就是一个更高的自我，同等重要的是你对这个自我的态度。

有些人不爱自己，常常自怨自叹，如同自己的仇人。有的人爱自己而缺乏理性，过分自恋，如同自己的情人，在这两种情况下，另一个自我都是缺席的。

成为自己的朋友，这是人生很高的成就。古罗马哲人塞涅卡说，这样的人一定是全人类的朋友。法国作家蒙田说，这比攻城治国更了不起。

和自己做朋友，就要真正爱自己。

法国版《ELLE》杂志曾经做过一项调查——"假如我们对你的恋人或丈夫做一次采访，那你最想从他们的嘴里知道些什么？"被调查者都不约而同地回答："他还爱我吗？"

他还爱我！这就是多数人想从恋人那里得到的答案，其中女性占多数。

而我们想问的问题却是："你还爱自己么？"

也许你会说，谁不爱自己呢？是的，没有谁不爱自己，但真正是不是、会不会爱自己，却是一个问题。比如说，你每天为自己真正预留了多少专属自己的时光，没有动机，没有功利，没有交换，只是让自己充分自在地舒展开来，感受着自己，感知到自己？然后才知道，如何才是真正爱自己。

在更多的时间里，你恐怕都忙于应付各种需要了：为家庭，为工作，为孩子……即使在一人独处不需要应酬谁时，你是不是也常会忘记要应酬自己？而依然在行为上或者脑子里惯性地应酬着这个或那个，或者自觉在鞭策自己，去充电，恶补情商或者管理经？

这些都不是真正爱自己的表现，都不能真正地滋养自己。爱自己，不是以物质贿赂自己——一掷千金并不见得是犒赏了自己，不是拿成就激励自己——成功也不见得能喂饱你；当然更不是以别人的眼光或者标准苛求自己，别人都满意了你却不一定能够满意。

爱自己就是对自己的欣赏和喜欢，因为这个世界上你是独一无二的，你就是这个世界的唯一。

爱自己，并不是盲目自恋，而是能够认识到自己的缺点，坦然地接受自己的一切，不管是优点还是缺点。真心爱自己的人懂得快乐的秘密不在于获得更多，而是珍惜所拥有的一切。你会觉得自己是那样地受上天的恩宠，是那样幸福地生活在这个世界。这是一份难得的乐观心境，更是快乐的始点。具有这样的心境的人，无论是对生活、环境，还是对周围的亲人、朋友，都会自然流露出一股喜悦之情，感动自己，影响他人。

爱自己，和另一个自我做朋友，你才能真正远离孤独。

当然，这决不是推崇我们去垒一道墙，躲在里面，拒绝关心与问候，而是要你学会和内心的另一个自我相处。这样，你就能成长为独立的一棵大树，而不是缠绕在别人身上依赖别人营养的藤蔓。大树的枝桠可以在空中恣意摇曳、伸展，没有固定的姿态，却有一种从容，一种得心应手的自信。

哲学家尼采在《查拉图斯特拉如是说》中说："你在内心深处很清楚即使你身在人群之中，你也是跟一群陌生人在一起。对你自己来说你也是个陌生人。"如果你和自己都是陌生人，即使朋友遍天下，也只是热闹而已，他的内心仍然是孤独的。

身边多一些朋友，也许可以让你远离形单影只，却难以消除你内心的孤独感。就像金钱可以帮你打发空虚，却无力填充你的孤独。"我们要把孤独感看作是心灵深处盛开的罂粟，让你和自己的灵魂对饮。如果你懂得爱自己、善待自己，别人就容易看到你的魅力，会称赞你，你会从这些赞扬中得到更多的自信，你也就会活得越发光彩，永远保持对生活的热情，这是个良性循环。"

6.莫将身病为心病

工作累不死人，忧虑却可以。工作是健康的，很少会真正超过人的负荷，忧虑却像刀锋上的铁锈。使机器折损的并非旋转，而是磨擦。

——德光禅师

"莫将身病为心病"，这是明代思想家王阳明的名言。意思不言自明：心理负担过重、心累对身体康健毫无益处。人们常说："肩上百斤不算重，心头四两重千斤。"情绪对健康的影响是极大的，"万病心中生"。

我们常常会有这样的体会，当我们处于良好的心理状态时，自己所做的事也会感到轻松不少，大大地提高体力和脑力劳动的效率；而消极的情绪，如愤怒、怨恨、焦虑、抑郁、恐惧、痛苦等，不仅让人无心做事，如果强度过大或持续过久，还可能导致神经活动机能失调。

一个叫贝特丽丝·伯恩斯坦的老太太，她已经70多岁了，曾两次寡居，但她仍然尽情地享受着生活——探望儿孙，读书，旅行，义务演出，过着快乐的一生。

"我已经过了生命的巅峰，但仍然享受下坡时的快乐，做了快9年的寡妇，我为自己创造了一个充实且愉快的生活。我在亚利桑那州立大学一起修课的同学，在我第二任丈夫于1982年被诊断为结肠癌时，成为我的支持团体。"

"借助青年旅行的计划，我和同龄人一起环游世界，他们和我有同样的嗜好，也需要伙伴。自退休后，我所进行的最有价值的计划，就是参加'圣约之子'——为以色列'活跃退休者'所举办的为期三个月的节约活动。活动中，我在内坦亚的东正教看护中心担任祖母的角色，要照顾从18个月到3岁的小孩子。没错，有时工作很烦很累，但是能提供服务，付出爱以及得到爱，这为我带来一种就像照顾自己亲生孩子般的快感。"

在伯恩斯坦太太76岁生日时，满屋的亲朋好友共同举杯祝福她："祝您活到120岁！"伯恩斯坦太太的笑绽开了额头的皱纹："我也许刚好可以活到那么老，就剩下44岁了。"

人生在世，有数不清的幸福和快乐，亦有许多忧愁和烦恼。健康与快乐为伴，而忧愁却往往会带来疾病。情绪乐观开朗，可使人内脏功能正常运转，增强对外来病邪的抵抗能力。

古人的养生之道，在于宁心养神。《素问·上古天真论》记载："怡淡虚无，真气从之，精神内守，病从安来。"这就是说，心情平静，不动杂念，疾病便无从发生；这就表明，做到心情舒畅，安然自得，便会延年益寿。

弘一法师曾说："写字要专心致志，全神贯注，这样能起到静心养性的作用。中国文字有三美：意美以感心、音美以感耳、形美以感目。练习书法时，观摩碑帖、揣其神韵，可以培养审美趣味和审美思想，同时能得到艺术享受，陶冶性情，静心养性。心中狂喜之时，写字可以使人头脑冷静下来；心中郁悒，写字可以使人忘掉忧愁。我以为延年益寿，这算妙方。"

在古代，书画家却大都是寿星。唐初"四大书家"的欧阳洵活到85岁，以"夫子庙碑"传世的虞世南86岁，写"玄秘塔"的柳公权88岁，等等；近代书法家及画家长寿者更多，如吴昌硕85岁，张大千87岁，齐白石97岁等，2005年9月仙逝的启功活到了90岁。

三国时的嵇康认为：养生之道，惟重在养神。何乔潘在《心术篇》中说："书者，抒也，散也。抒胸中之气，散心中郁也。故书家每得以无疾而寿。"唐代诗人韩愈在形容书法家张旭作书时说道："喜怒、窘穷、忧悲、愉快、怨恨、思慕、酣醉、无聊、不平，凡有动于心，必以草书发之。"

养生贵在养心，保持愉悦的心情是养生的最高境界。不良心境如同毒草，长期处于其中，无疑会使机体抵御疾病的能力下降，破坏自身的身心健康。因此，无论你处于人生的顺境还是逆境，不妨就常做一下"健心操"，学会驾驭心境，将烦闷、孤寂、依赖、内疚等等统统赶走。这样，同样的事物，就会从"无可奈何花落去"变作"人闲桂花落"、"鸟鸣山更幽"。

7.一念放下，万般自在

所谓的"放下"，即是把什么事都化为没有的力量。

——《佛说生经》

佛语中讲到，修炼的人在修行中如果不能放下七情六欲，也无法修炼到博大精深的境界。只有懂得放下，才能体会到佛家箴言。

当释迦牟尼还在人世的时候，有一位叫作婆罗门的来到他面前。这个婆罗门运用自己的神通，两只手各拿了一个大花瓶，前来献佛。佛陀大声地对婆罗门说："放下！"婆罗门于是听从指教，将左手拿的那个花瓶放在地上。

佛陀又说:"放下!"婆罗门又听从指教,将右手拿的那个花瓶也放到了地上。

然后,佛陀还是跟他说:"放下!"

这时婆罗门无奈地回答:"我已经两手空空,没有什么可以再放下了,为何你还要我放下?"

佛陀听了他的话,然后对他讲:"我的本意并不是让你放下手中的花瓶,而是让你放下六根、六尘和六识。只有当你将这些都放下时,才能从生死轮回中解脱出来。"

没有多余的东西,就减少了负担,就会轻松自在。随遇而安就能自得其乐,能放下多余的不需要的东西,就是解脱。人其实不需要复杂的思想,只要具备这项简单的智慧,简单才能快乐。简单思想,简单生活,人生道路就远离了痛苦与忧伤。

有一座庙里住着一个老和尚和一个小和尚。小和尚对师父说:"如果买一匹马,您就不用整天这么劳累奔波了,可以轻松很多。"

老和尚认为徒儿说得对,他如愿以偿买到了马,中午正想美美地睡个午觉。

突然,小和尚跑了进来,说道:"师父,我们忘了一件事,马儿在哪住呢?我们应该给马儿建个马棚。"

老和尚认为徒儿说得很有道理,也很及时。

于是,老和尚决定,马上就给马儿建个马棚。

马棚终于建好了,老和尚累了一天,正想躺下好好休息一下,小和尚又跑到跟前,说道:"师父,马棚虽然建好了,但是你整天忙于化缘,而我又要学禅,平时谁来养马呀!我们还少个养马的。"

老和尚又认为徒儿说得很有道理,也很及时。

于是,老和尚决定,聘请了一个厨师兼保姆。

吃完早饭,老和尚正准备外出讲经,小和尚跑到跟前,说道:"师父,厨师已经请来了。不过,她说庙里没有厨房,让我们赶紧造一间,她还说,她年老体衰,又不会算账,让我们再请一个伙计,帮她买买菜,打个下手。"

突然间,老和尚悟出了什么,想道:"以前的日子,多简单、多轻松啊。"他对小和尚说:"这匹马只会让我觉得更累,赶快卖了它!"

有时候,我们认为我们需要某些东西,千辛万苦地终于得到了,却发现这件东西并不能给我们的生活带来轻松和愉快,相反地却给我们带来更多的负担,让我身心疲惫。与其为其所累,还不如痛下决心,果断摆脱它。

即使拥有整个世界,一天也只能吃三餐,一次也只能睡一张床。世界上美好的东西实在数不过来,我们总是希望得到尽可能多的东西。其实得到太多,反而会成为负担。还有什么比拥有淡泊的心胸,更能让自己充实满足的呢?欲望越小,人生就越幸福。

有位中年人觉得自己的日子过得非常沉重,生活压力太大,想寻求解脱的方法,因此去向一位禅师求教。

禅师给他一个篓子,要他背在肩上,指着前方一条坎坷的石路说:"当你向前走一步,就弯下腰来,捡一颗石子放到篓子里,然后看看会有什么感受。"

中年人照着禅师的指示去做,等他背上的篓子装满石头后,禅师问他:"你一路走来有什么感受?"

中年人回答说:"感到越走越沉重。"

禅师说:"每一个人来到这个世上时,都背负着一个空篓子。我们每往前走一步,就会从这个世界上捡一样东西放进去,因此才会有越来越累的感慨。"

中年人又问:"有什么方法可以减轻负重呢?"

禅师反问他:"你是否愿意将名声、财富、虚荣、权力等拿出来舍弃呢?"

那人答不出来。

禅师又说："每个人的篓子里所装的，都是自己从这个世上寻来的东西，但是你拾得太多，如果不能放掉一些，你的生命将承受不起，现在知道应丢下什么和留下什么了吗？"

中年人反问禅师："这一路上，您又丢下了什么？留下了什么呢？"

禅师大笑："丢下身外之物，留下心灵之物。"

人在世上，无时无刻不受到外界的诱惑，一旦有了功名，就会对功名放不下；有了金钱，就会对金钱放不下；有了爱情，就会对爱情放不下；有了事业，就会对事业放不下……当得到的东西太多了，超过生命的承载力，多余的东西就成为人生的负担。

当你放下一些多余的、不需要的东西的时候，就如脱钩的鱼，出岫的云，忘机的鸟，心无挂碍，来去自如，表里澄澈。"风来疏竹，风过而竹不留声；雁渡寒潭，雁去而潭不留影"，才会发现生命竟可以如此充实、如此美好，日日是好日，步步起清风。放下，是一种境界，更是一种精神。但，也需要勇气和智慧。

8.学习如何原谅自己

如果你不去对治你的心，反而一味地盲从它的情绪，你这样修行是不正确的。你必须从各种恐惧和忧虑中解脱，得到心灵的自由。当我们摆脱幻想的心相时，也是恐惧离开的时候。不要作茧自缚，停止成为消极情绪之牺牲者。

——延参大师

　　总是对生活不满和抱怨的人，大都因为不能接纳自己。常言说得好，人生不如意十之八九，人生道路怎可能一帆风顺？生活中总会有酸甜苦辣、喜怒哀伤，尤其是现代的生活，压力空前巨大，处处可以听到牢骚和痛骂的声音，仿佛对这样的生活充满了仇恨，恨不能飞到外星球，与这样的生活一刀两断。

　　可是，这样排斥生活只能让我们更痛苦，同时，也让我们对自己越来越不满意，"为什么我处处不如别人？"，这是很多人的心声。是啊，我们可能没有一个好爸爸，没有高学历，没有钱，没有漂亮的脸蛋，没有聪明的大脑，没有好工作，没有好运气，没有房子，没有对象……当我们不能肯定自己，只用权势、虚荣、占有来肯定自己时，就会显得非常脆弱，非常容易被蒙蔽，非常容易在这个物欲横流的世界迷失自己。

　　月有阴晴圆缺，人有旦夕祸福，生活往往无常。面对生活中的财富，可以去尽情享受，开阔眼界，陶冶性情，饱览世界风情，过上充实的生活。实际上，很多在文学上有成就的人出身富贵，因为他们从小有条件饱读诗书，长大后周游世界，也可以尽情挥洒自己的才能。

　　可是我们大部分人没有这样的条件，我们的生活困窘，不能去享受富足的生活。但是这并不意味着我们的生活就很糟糕，我们同样有追求幸福生活的权力。当我们感到生活的贫乏时，要学会去探寻生活的艺术，也要学会思考，不要把思维局限在一个框框里，这样我们就会发现，生活其实很动人，只是我们被偏见蒙蔽了眼睛。

　　《庄子》里有一段动人的故事。子祀和子舆是一对非常要好的好朋友。有一天，子舆突发疾病，作为好朋友，子祀前去探望。两人见面交谈时，子舆站在镜子面前，调侃自己说："神奇的造物主啊！竟让我变成驼背！背上还生了五个疮，因为过于佝偻我的面颊快低伏到肚脐上了。两肩也高高地隆起，比头顶还高，你看，我的脖颈骨竟朝天突起！"

子舆是因为感染了阴阳不调的邪气，所以才变成上面他所说的那副怪模样。但是子舆没有指天骂地，还颇为自得地一步步走到井边，从井里看自己现在的这副样子，又开自己的玩笑说："哎哟！伟大的造物主又要把我变成这滑稽的模样呢！"

子祀有些担心，就问："你是不是厌恶这种病？"子舆说："不，我不厌恶，我为什么要厌恶这种病？如果我的左臂变成一只鸡，那我便用它报晓；如果我的右臂变成弹弓，那我便用它去打斑鸠烤野味吃；如果我的尾椎骨变成车，那我就把它变成马，这样我就四处遨游，无需另备马车了。得是时机，失是顺应，如果人能安于时机并能顺应变化，那无论是喜是悲都不能侵犯心神，这就是所谓的'解脱'。如果人不能自我解脱，就会被外物所奴役束缚。物不能胜天，这是事实，当我不能改变它时，我为什么不接纳它呢？"

这则故事，真是道尽了生活的智慧。人必须接纳生活，"安于时机并能顺应变化"，才能好好地生活，才能让心神不受侵犯。看看子舆的态度，对自己丑陋的外表非但没有怨天尤人，反而幽默起来，调侃自己，甚至对自己欣赏起来。所以说，人唯有接纳生活，接纳自己，感情和理智才不矛盾，才不会造成烦恼。

接纳自己不是划地自限，而是认清自己。每个人都有优点和缺点，有其特有的能力、经验和机遇，只有能接纳自己，生活才可能变得朝气蓬勃，只有接纳才有喜悦，才知道痛下针砭。否则，就等于是在否定生活，否定自己，那样很容易迷失自己，会在生活上感到空虚和无奈。

在现实生活中，不管遇到什么挫折都要接纳自己，当你遇到生活的不如意时，多想想自己的优点。一个懂得接纳生活、接纳自己的人，会把握住自己的做人准则，以自己的言行塑造自己的人生。

在一个不大的小镇上，有一个退伍军人，他少了一条腿，只能拄着一根拐杖走路。一天，他一跛一跛地走过镇上的马路，过往的人都带着同情的语气说："你看这个可怜的家伙，难道他要向上帝祈求再有一条腿吗？"退伍军人听到了人们的窃窃私语，他便转过身对他们说："我不是要向上帝祈求再有一条腿，而是要祈求上帝帮助我，让我在失去一条腿后，也知道该如何把日子过下去。"

人生最大的痛苦莫过于跟自己过不去，一个人生活得幸福与否，完全取决于自己对待生活的态度。当你不能接纳生活、接纳自己时，你就会感觉生活就是无边的苦海，人生就是煎熬。相反，如果你能保持良好的心态，接纳现实的生活和自己，你就会发现生活中的每一天都充满了阳光！

正如印度的哲学家奥修所说："学习如何原谅自己。不要太无情，不要反对自己。那么你会像一朵花，在开放的过程中，将吸引别的花朵。"

9.生命短促，莫为小事烦心

不要让自己因为一些应该丢开和忘记的小事烦心。回顾自己的一生，你将发现自己很少会因为做了某事而感到遗憾。恰恰相反，正是那些你所没有做的事情才会使你耿耿于怀。

——慧律法师

人常常被困在有名和无名的忧烦之中，它一旦出现，人生的欢乐便不翼而飞，生活中仿佛再没有了晴朗的天，真是吃饭不香，喝酒没味，干工作没劲，干事业没心……这一切，只因为我们陷入了多余的忧烦之中。

有一条大家都知道的法律上的名言："法律不会去管那些小事情。"一个人有时偏偏为这些小事忧虑，始终得不到平静。

荷马·克罗伊是个写过好几本书的作家。以前他写作的时候，常常被纽约公寓热水灯的响声吵得快发疯。蒸气会砰然作响，然后又是一阵哔哔的声音，而他会坐在他的书桌前气得直叫。

后来，荷马·克罗伊说："有一次我和几个朋友一起出去宿营，当我听到木柴烧得很响时，我突然想到：这些声音多像热水灯的响声，为什么我会喜欢这个声音，而讨厌那个声音呢？我回到家以后，跟自己说：'火堆里木头的爆烈声，是一种很好的声音，热水灯的声音也差不多，我该埋头大睡，不去理会这些噪音。'结果，我果然做到了：头几天我还会注意热水灯的声音，可是不久我就把它们整个地忘了。"

很多其他的小忧虑也是一样，我们不喜欢某些东西，结果弄得整个人很颓丧。只不过因为我们都夸张了那些小事的重要性……

迪斯累利说过："生命太短促了，不能再只顾小事。"

类似的这些话，安德烈·摩瑞斯在《本周》杂志里也说过："这个认识曾经帮我挨过很多痛苦的经验。我们常常让自己因为一些小事情、一些应该不屑一顾和忘了的小事情弄得非常心烦……我们活在这个世上只有短短的几十年，而我们浪费了很多不可能再补回来的时间，去愁一些在一年之内就会被所有的人忘了的小事。不要这样，让我们把我们的生活只用在值得做的行动和感觉上，去运用伟大的思维，去经历真正的感情，去做必须做的事情。因为生命太短促了，不该再顾及那些小事。"

就像吉布林这样有名的人，有时候也会忘了"生命是这样的短促，不能再顾及小事"。其结果呢？他和他的舅爷打了维尔蒙有史以来最有名的一场官司——这场官司打得有声有色，后来还有一本专辑记载着，书的名字是《吉布林在维尔蒙的领地》。

故事的经过情形是这样子的：吉布林娶了一个维尔蒙地方的女孩子凯洛琳·巴里斯特，在维尔蒙的布拉陀布罗造了一间很漂亮的房子，在那里定居下来，准备度过他的余生。他的舅爷比提·巴里斯特成了吉布林最好的朋友，他们两个在一起工作，在一起游戏。

然后，吉布林从巴里斯特手里买了一点地，事先协议好巴里斯特可以每一季在那块地上割草。有一天，巴里斯特发现吉布林在那片草地上开了一个花园，他生起气来，暴跳如雷，吉布林也反唇相讥，弄得维尔蒙绿山上的天都变黑了。

几天之后，吉布林骑着他的脚踏车出去玩的时候，他的舅爷突然驾着一辆马车从路的那边转了过来，逼得吉布林跌下了车子。而吉布林这个曾经写过"众人皆醉，你应独醒"的人，却也昏了头，告到官那里去，把巴里斯特抓了起来。接下去是一场很热闹的官司，大城市里的记者都挤到这个小镇上来。新闻传遍了全世界。事情没办法解决。这次争吵使得吉布林和他的妻子永远离开了他们在美国的家，这一切的忧虑和争吵，只不过为了一件很小的小事：一车子干草。

平锐克里斯在二千多年前说过："来吧，各位！我们在小事情上耽搁得太久了。"一点也不错，我们的确是这样子的。

下面是傅斯狄克博士所说过的故事里最有意思的一个——是有关森林里的一个巨人的故事。

"在科罗拉多州长山的山坡上，躺着一棵大树的残躯。自然学家告诉我们，它曾经有四百多年的历史。初发芽的时候，哥伦布刚在美洲登陆；第一批移民到美国来的时候，它才长了一半大。在它漫长的生命里，曾经被闪电击过14次；四百多年来，无数的狂风暴雨侵袭过它，它都能战胜它们。但是在最后，一小队甲虫攻击这棵树，使它倒在地上。那些甲虫从根部往里面咬，渐渐伤了树的元气。虽然它们很小，但持续不断地攻击。这样一个森林里的巨人，岁月不曾使它枯萎，闪电不曾将它击倒，狂风暴雨没有伤着它，却因一小队可以用大拇指跟食指就捏死的小甲虫而最终倒了下来。

我们岂不都像森林中的那棵身经百战的大树吗？我们也经历过生命中无数狂风暴雨和闪电的打击，但都撑过来了。可是我们的心却会被忧虑的小甲虫咬噬——那些用大拇指跟食指就可以捏死的小甲虫。

要想解除忧虑与烦恼，记住规则："不要让自己因为一些小事烦心。"